『计算机实用技能丛书』

零基础学
Word

●))) 云飞◎编著

中国商业出版社

图书在版编目（CIP）数据

零基础学Word / 云飞编著. -- 北京 ： 中国商业出
版社，2021.3

（计算机实用技能丛书）

ISBN 978-7-5208-1546-8

Ⅰ．①零… Ⅱ．①云… Ⅲ．①文字处理系统 Ⅳ.
①TP391.12

中国版本图书馆CIP数据核字(2020)第260249号

责任编辑：管明林

中国商业出版社出版发行

010-63180647　www.c-cbook.com

（100053　北京广安门内报国寺1号）

新华书店经销

三河市冀华印务有限公司印刷

*

710毫米×1000毫米　16开　11印张　220千字

2021年3月第1版　2021年3月第1次印刷

定价：49.80元

＊＊＊＊

（如有印装质量问题可更换）

前 言

Microsoft Office 是由 Microsoft（微软）公司开发的一套基于 Windows 操作系统的办公软件套装，常用组件有 Word、Excel、PowerPoint 等。从 Office 97 到 Office 2019，我们的日常办公已经离不开 Office 的帮助。

Office 2019 是对过去三年在 Office 365 里所有新功能更新进行整合打包的一个独立版本，这次最大的变化是 Office 2019 仅支持 Windows 10 系统，不再支持 Windows 8 以及更早的系统，否则只能使用 Office 2016。

Word 2019 官方版是 Microsoft Office 2019 的组件之一，是相当优秀的常用文字处理办公软件。使用 Word 2019 官方版可以轻松打开、创建、阅读、展示精美的文档，Word 2019 支持对文字进行编辑和排版，还能制作书籍、名片、杂志、报纸等。

本书将帮助初学者快速掌握 Word 的各种使用技能与技巧，提高工作效率，提升职场竞争力。

本书特色

1. 从零开始，循序渐进

本书由浅入深、循序渐进、通俗易懂的讲解方式，帮助初学者快速掌握电脑的各种操作技能。

2. 内容全面

对于初学者来说，本书内容基本涵盖了 Word 方方面面的知识和操作技能。

3. 理论为辅，实操为主

本书注重基础知识与实例紧密结合，偏重实际操作能力的培养，以便帮助读者加深对基础知识的领悟，并快速获得 Word 的各种操作技能和技巧。

4.通俗易懂，图文并茂

本书文字讲解与图片说明一一对应，以图析文，将所讲解的知识点清楚地反映在对应的图片上，一看就懂，一学就会。

本书内容

本书科学合理地安排了各个章节的内容，结构如下：

第1章：讲解了 Word 的用途，Word 的启动，Word 文档的建立、打开、保存与关闭操作，Word 的工作界面等。

第2章：讲解了文本的输入、编辑与美化操作及应用技巧。

第3章：讲解了 Word 段落格式设置的操作方法及技巧。

第4章：讲解了如何对 Word 文档进行页面设置的操作方法及技巧。

第5章：讲解了如何对 Word 文档进行校对、修订、打印与保护的操作方法和技巧。

第6章：讲解了在 Word 中使用图形与图表的操作方法及应用技巧。

第7章：讲解了在 Word 中如何创建和编辑表格的操作方法及应用技巧。

第8章：讲解了在 Word 中如何创建科技公式、如何对科技公式进行排版的操作方法及应用技巧。

第9章：讲解了查看与定位文档、创建目录、自定义快捷键以及长文档的编辑等方面的操作技能。

读者对象

急需提高工作效率的职场新手；

加班效率低，日常工作和 Word 为伴的行政人员；

渴望升职加薪的职场老手；

各类文案策划人员；

高职院校和办公应用培训班学生。

致谢

本书由北京九洲京典文化总策划，云飞等编著。在此向所有参与本书编创工作的人员表示由衷的感谢，更要感谢购买本书的读者，您的支持是我们最大的动力，我们将不断努力，为您奉献更多、更优秀的作品！

云飞

目　录

第 9 章　Word 的高级应用

第 1 章

初识 Word

1.1 Word 的功能用途

Microsoft Office 是由 Microsoft（微软）公司开发的一套基于 Windows 操作系统的办公软件套装。常用组件有 Word、Excel、PowerPoint 等。从 Office 97 到 Office 2019，我们的日常办公已经离不开 Office 的帮助。

Office 2019 是对过去三年在 Office 365 里所有新功能更新、整合打包的一个独立版本，这次最大的变化是 Office 2019 仅支持 Windows 10 系统，不再支持 Windows 8 以及更早的系统，否则只能使用 Office 2016。

Word 2019 官方版是 Microsoft Office 2019 的组件之一，相当优秀的常用文字处理办公软件。使用 Word 2019 官方版可以轻松打开、创建、阅读、展示精美的文档，Word 2019 支持对文字进行编辑和排版，还能制作书籍、名片、杂志、报纸等。

那么，该版本具有哪些功能特点呢？

1. 发现改进的搜索和导航体验

利用 Word 2019 官方版，可更加便捷地查找信息。利用改进的查找功能，可以按照图形、表、脚注和注释来查找内容。改进的导航窗格提供了文档的直观表示形式，这样就可以对所需内容进行快速浏览、排序和查找。

2. 与他人同步工作

Word 2019 重新定义了多人一起处理某个文档的方式。利用共同创作功能，可以编辑论文，同时与他人分享的思想观点。对于企业和组织来说，与 Office Communicator 的集成，使用户能够查看与其一起编写文档的某个人是否空闲，并在不离开 Word 的情况下轻松启动会话。

3. 几乎可在任何地点访问和共享文档

联机发布文档，然后通过的计算机或基于 Windows Mobile 的 Smartphone 在任何地方访问、查看和编辑这些文档。通过 Word 2019，可以在多个地点和多种设备上获得一流的文档体验。

4. 向文本添加视觉效果

利用 Word 2019，可以向文本添加图像效果（如阴影、凹凸、发光和映象）。也可以向文本添加格式设置，以便与图像实现无缝混合。操作起来快速、轻松，只需单击几次鼠标即可。

5. 将文本转化为引人注目的图表

利用 Word 2019 提供的更多选项，可将视觉效果添加到文档中。可以从新增的 SmartArt 图形中选择，在数分钟内构建令人印象深刻的图表。SmartArt 中的图形功能同样也可以将文本转换为引人注目的视觉图形，以便更好地展示创意。

6. 在线插入图标

单击 Word 2019 的【插入】|【图标】命令，可以很容易地为文档添加一个图标。我们在制作 Word 文档时会使用一些图标，Word 2019 中增加了在线图标插入功能，可以一键插入图标，就像插入图片一样，如图 1-1 所示。而且所有的图标都可以通过 Word 填色功能直接换色，还可以拆分后分项填色。

7. 横版翻页

这项功能类似于之前的【阅读视图】，Word 2019 新增加一项【横版】翻页模式，只需单击【翻页】按钮，Word 页面就会自动变成类似于图书一样的左右式翻页，从而提高用户体验，如图 1-2 所示。

图 1-1

图 1-2

8. 增加墨迹书写

Word 2019增加了墨迹书写功能，如图1-3
所示。我们可以随意使用笔、色块等在幻灯
片上进行涂鸦，而且还内置了各种笔刷，可
以自行调整笔刷的色彩及粗细，还可以将墨
迹直接转换为形状，供后期编辑使用。

操作方法：

（1）单击左上角的【自定义快速访问工
具栏】按钮 ▾ ，在弹出菜单中单击【其他命令】
选项，如图1-4所示。

（2）在打开的对话框中，选中【自定义
功能区】选项，然后选中【绘图】复选项，
如图1-5所示。

图 1-3

图 1-4

图 1-5

（3）单击【确定】按钮，然后选择【绘图】菜单，就可以使用墨迹书写功能了。
更多新功能请读者自己体验，这里不逐一介绍。

1.2　启动与新建 Word 文档

在 Word 2019 中，可以选择新建空白文档和根据模板新建文档。

1.2.1　启动 Word

可以通过如下方法来启动 Word。

方法 1：用鼠标左键单击 Windows 10 的开始按钮 ▦，单击字母 W 列表下的【Word】，就可以启动 Word 了，如图 1-6 所示。

方法 2：通过创建桌面快捷方式来启动。

操作方法：

（1）用鼠标左键单击 Win10 的开始按钮 ▦，右键单击字母 W 列表下的【Word】，在弹出菜单中选择【更多】|【打开文件位置】命令，如图 1-7 所示。

图 1-6

（2）此时打开了 Office 安装文件夹，Word 可执行文件就在这里，如图 1-8 所示。

图 1-7

图 1-8

（3）使用鼠标右键单击 Word，在弹出菜单中选择【发送到】|【桌面快捷方式】命令，如图 1-9 所示。

（4）直接双击桌面上的 Word 快捷方式图标，就可以启动 Word，如图 1-10 所示。

图 1-9

图 1-10

1.2.2　新建 Word 空白文档

接下来讲如何新建 Word 空白文档。

方法1：启动 Word，在开始屏幕中可以看到最近使用的 Word 文档，单击右侧【新建】下的【空白文档】图标按钮，如图 1-11 所示。

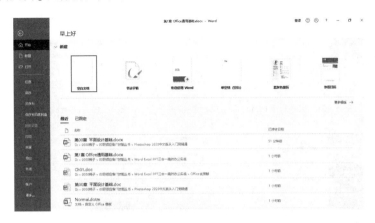

图 1-11

方法2：在已经进入 Word 工作界面后，单击【自定义访问工具栏】按钮，在打开的下拉菜单中选择【新建】，如图 1-12 所示。然后在顶端右侧的【自定义访问工具栏】按钮的左侧，就会出现一个【新建空白文档】图标按钮，如图 1-13 所示。单击该按钮，就可以创建一个空白的 Word 文档。

方法3：在 Windows 桌面或文件夹空白处，使用鼠标右键单击，在弹出菜单中选择【新建】|【DOCX 文档】命令，如图 1-14 所示。

图 1-12　　　　　　图 1-13　　　　　　图 1-14

1.2.3　根据模板新建文档

根据现有的模板来新建 Word 文档，这样操作的好处是，可以使用模板中现有的格式，以节约大量的工作时间。

操作方法：

（1）启动 Word 2019，在开始屏幕单击【更多模板】链接按钮，如图 1-15 所示。

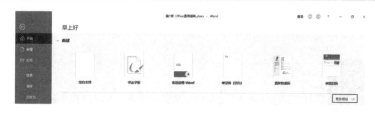

图 1-15

（2）开始就变成了如图 1-16 所示的样子，列出了大量 Word 内置的模板。

图 1-16

（3）如果没有找到自己想要的模板，可以在【搜索联机模板】搜索栏中输入【清单】，然后单击搜索按钮进行搜索，如图 1-17 所示。

（4）Word 就会列出所有的联机模板了，这些模板都是免费试用的，如图 1-18 至图 1-23 所示。

图 1-17

图 1-18   图 1-19

（5）用鼠标右键单击要选择的模板，在这里以选择【节日清单】模板为例，在弹出菜单中选择【创建】命令，如图 1-24 所示。

（6）Word 将自动联机下载模板，然后新建一个文档，如图 1-25 所示。

图 1-20　　　　　　　　　　　　图 1-21

图 1-22　　　　　　　　　　　　图 1-23

图 1-24

图 1-25

提示： 如果是第一次使用该模板，那么必须保证电脑处于联机状态，才能使用该模板新建文档。

1.3　打开、保存与关闭 Word 文档

1.3.1　打开 Word 文档

当要对以前的 Word 文档进行编排或修改时，可以打开此文档，打开文档的方法有如下几种。

方法 1：在我的电脑中，打开文档所在的文件夹，然后双击文档名称即可打开。

方法 2：当处于 Word 工作界面时，也可以使用以下方法来打开它。

执行【文件】|【打开】命令，或按 Ctrl+O 组合键，或单击常用工具栏上的【打开】图标按钮，打开如图 1-26 所示界面。

（1）可以单击选择打开【最近】列表中的文档。

（2）打开本地电脑上的文档。

单击【浏览】按钮，打开【打开】对话框，如图 1-27 所示。

图 1-26　　　　　　　　　　　　　　图 1-27

选择对应的文件夹和文件后，单击【打开】按钮就可以将所选文档打开。

1.3.2　保存 Word 文档

新建 Word 文档并输入内容后，或打开文档经过编辑后，一般需要将结果保存下来。下面介绍保存文档的几种情况。

1. 首次保存文档

当用户在新文档中完成输入、编辑等操作后，需要第一次对新文档进行保存。

操作方法：

（1）可以使用下面的任意一种操作方法：

·单击工作窗口左上角的快速访问工具栏中的【保存】按钮。

·执行【文件】|【保存】命令或者【另存为】命令。

·按下键盘上的快捷键 Ctrl+S、F12 键或者快捷键 Shift+F12。

> **提示：** 保存文档一般是指保存当前处理的活动文档，所谓活动文档，也就是正在编辑的文档。如果当同时打开了多个文档时，想同时保存多个文档或关闭所有文档，可以在按住Shift键的同时，选择【文件】|【保存】或【关闭】（此时变成【全部保存】和【全部关闭】）命令，只需选择其中需要的命令即可。

（2）执行上述操作之一，打开如图1-28所示对话框。

（3）单击【浏览】按钮，打开【另存为】对话框，如图1-29所示。

图 1-28

图 1-29

· 在保存位置下拉列表框，选择所需保存文件的驱动器或文件夹。

· 在【文件名】输入框中输入要保存的文档名称。

· 在【保存类型】中选择保存类型，默认为【Word文档（*.docx）】。

（4）单击【保存】按钮即可。

第一次保存了文档之后，此后每次对文档进行修改后，只需按Ctrl+S即可保存更改。

2. 重新命名并保存文档

重新命名并保存文档实际上就是对文档进行【另存为】操作。

操作方法：

（1）单击【文件】|【另存为】命令，或者按F12键，单击【浏览】按钮，打开【另存为】对话框。

（2）在【保存位置】下拉列表框中，选择并指定保存路径的文件夹。

（3）在【文件名】文本框中输入文件的新名称。

（4）单击【确定】按钮，保存文档。

1.3.3 关闭 Word 文档或退出 Word

在 Word 应用程序中，关闭当前文档有以下几种方法：

· 执行【文件】|【关闭】命令。

· 单击窗口右上角的【关闭】按钮 ⊠。

· 按键盘上的快捷组合键 Alt+F4。

退出 Word 文档时，在关闭文档的过程中，如果文档没有保存，系统会给出是否保存文档的提示，让用户确定是否保存该文件，如图 1-30 所示。单击【保存】按钮，将保存文档然后退出 Word。

图 1-30

1.4 认识 Word 工作界面

无论是办公领域还是一般的文字处理，Word 软件一直都担当着重要的角色。它可以方便地制作出文稿、信函、公文、书稿、表格、网页等各种类型的文档。

接下来介绍 Word 的工作界面，如图 1-31 所示。启动已经创建好的 Word 文档或新建 Word 文档以后，打开的窗口便是 Word 的工作界面。

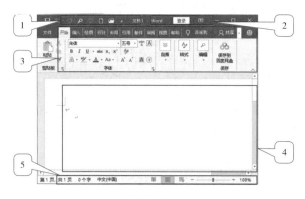

图 1-31

1. 快速访问工具栏

默认情况下，快速访问工具栏位于 Word 窗口的顶部，如图 1-32 所示，使用它可以快速访问用户频繁使用的工具。

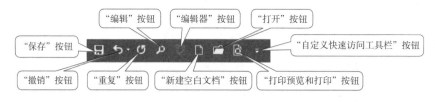

图 1-32

用户可以将命令添加到快速访问工具栏，从而对其进行自定义。单击【自定义快速访问工具栏】按钮 ，在弹出的下拉菜单中单击未打钩的选项，为其在快速访问工具栏中创建一个图标按钮，以后直接单击该图标就可以执行该命令。

2. 标题栏

标题栏位于工作界面最上方正中位置，它显示了所打开的文档名称，其最右侧有三个按钮分别是：窗口最小化按钮 、最大化（或还原）按钮 和关闭按钮 。

3. 功能区

功能区是在 Word 工作界面中添加的新元素，它将旧版本 Word 中的菜单栏与工具栏结合在一起，以选项卡的形式列出 Word 中的操作命令。

功能区在默认情况下，其选项卡包括【文件】菜单选项卡、【开始】菜单选项卡、【插入】菜单选项卡、【设计】菜单选项卡、【布局】菜单选项卡、【引用】菜单选项卡、【邮件】菜单选项卡、【审阅】菜单选项卡、【视图】菜单选项卡以及【帮助】菜单选项卡等，如图 1-33 所示。

图 1-33

在对文档进行编排处理时，大部分的操作都可以通过菜单选项卡功能来实现。用户只需将鼠标移动到需要执行命令的那一栏上，再单击左键，就会打开对应的功能区，然后就可以根据需要选择执行命令。

在功能区中，有些段落的命令后面有黑色的三角箭头，这表明该命令拥有子菜单，只要将鼠标光标指针移动到该命令上，即可弹出相应的子菜单、对话框或面板。如图 1-34 所示为【开始】菜单功能区的【文本效果和版式】的子菜单。

在每个选项卡下面，包含一个或多个操作命令，为操作命令的集合。

以【开始】菜单选项卡为例。启动 Word 后，在 Word 窗口中，将自动显示【开始】菜单选项卡所在功能区，包括了剪贴板、字体、段落、样式和编辑面板等区，如图 1-35 所示。

图 1-34

图 1-35

单击段落右下角的按钮，可以打开相应的对话框或浮动面板进行参数选择或设置。图 1-36 至图 1-39 分别为【剪贴板】浮动面板、【字体】对话框、【段落】对话框和【样式】浮动面板。

4. 工作区

工作区是用来输入文字或者插入对象的区域，在文档区的最右侧放置了纵向滚动条，如果显示比例大于 100%，那么就会看到横向滚动条。通过拖曳滚动条可对文档区中的内容进行滚动浏览。在工作区的上方和左侧可以放置用于调整文档页面尺寸大小的标尺，选择要调整的文字内容，然后通过拖曳标尺上的滑块来调整页边距。在工作区的左侧还可以放置导航窗口，以方便编辑阅读，如图 1-40 所示。要显示导航窗口和标尺，则要在【视图】菜单的【显示】功能区选中【标尺】、【导航窗格】选项，如图 1-41 所示。

图 1-36

图 1-37

图 1-38

图 1-39

图 1-40

图 1-41

5. 状态栏

状态栏位于 Word 窗口的底部，它显示了当前光标所在文档位置的状态信息，如当前位于第几页、共多少页、当前文档已经输入的字数、当前光标所处字符是英文还是中文、文档显示比例等，如图 1-42 所示。

图 1-42

6. 【文件】选项卡

在该选项卡中，用户可以利用其中的命令如新建、打开、保存、另存为、打印、共享、导出、关闭、Word 选项设置等进行操作，如图 1-43 所示。

图 1-43

1.5　Word 文档视图

Word 有五种视图方式，分别是页面视图、阅读视图、Web 版式视图、大纲和草稿。它们各自的特点及使用方法如下。

首先，选择【视图】菜单选项卡，在【视图】段落中，从左到右分别是【阅读视图】命令按钮、【页面视图】命令按钮、【Web 版式视图】命令按钮、【大纲】命令按钮和【草稿】命令按钮，如图 1-44 所示。

图 1-44

其次，以打开"汽车运输服务合同文本 .docx"为例演示各种视图的风格。

1.5.1　页面视图

页面视图是 Word 的缺省视图方式，如图 1-45 所示。用户启动进入 Word 工作界面时，屏幕上见到的视图方式就是页面视图。页面视图可以显示 Word 文档的打印结果外观，主要包括页眉、页脚、图形对象、分页符、页面边距等元素，是最接近打印结果的页面视图。

在页面视图方式下，文本超过一页时，在屏幕上会出现一条灰白的空白线，这就是分页符，如图 1-46 所示。分页符的作用是通知用户文本满了一页后开始进入下一页，它不是一条真正的直线，打印时不会将其打印出来，也不会影响文本。

图 1-45

图 1-46

1.5.2　阅读视图

阅读版式视图以图书的分屏样式显示 Word 文档，【文件】菜单选项卡、功能区等窗口元素被隐藏起来，如图 1-47 所示。

在阅读版式视图中，用户可以单击◀按钮向前翻页；单击▶按钮向后翻页。

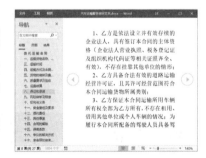

图 1-47

13

1.5.3 Web 版式视图

Web 版式视图以网页的形式显示 Word 文档，如图 1-48 所示。Web 版式视图适用于发送电子邮件和创建网页。

图 1-48

1.5.4 大纲视图

大纲视图主要用于进行 Word 文档的设置和显示标题的层级结构，并可以方便地折叠、展开各种层级的文档，如图 1-49 所示。大纲视图广泛用于 Word 长文档的快速浏览和设置中。

图 1-49

1.5.5 普通视图

普通视图是最节省计算机系统硬件资源的视图方式，它取消了页面边距、分页符、页眉页脚和图片等元素，仅显示标题和正文，如图 1-50 所示。当然现在计算机系统的硬件配置都比较高，基本上不存在由于硬件配置偏低而使 Word 运行遇到障碍的问题。

图 1-50

1.6 导航窗格

在 Word 中，导航窗格主要用来帮助管理长文档。当使用【样式】格式化文档的各级标题后，文档中的各级标题都按一定的结构排列。如果要检查文档的结构，可打开【导航窗格】观察。

单击【视图】菜单选项卡中的【显示】段落中的【导航窗格】命令，屏幕显示如图1-51中左边的窗口。此时，在该窗口的【标题】选项卡中，可以观察到各级标题的结构，并可检查各级标题是否准确。当单击某一级标题时，右边文档窗口中的光标马上跳转到该级标题所在的位置。

图1-51

1.7 将常用的命令添加到快速访问工具栏中

可以将常用的命令添加到快速访问工具栏中。

方法1：

（1）执行【文件】|【更多】|【选项】命令。

（2）在弹出的【Word选项】对话框左侧的列表中选择【快速访问工具栏】选项。

（3）在该对话框中的【从下列位置选择命令】下拉列表中选择需要的命令类别，如图1-52所示。

（4）单击其下列表框中要添加的命令，如图1-53所示。

图1-52　　　　图1-53

（5）单击【添加】按钮，再单击【确定】按钮，即可将常用的命令添加到快速访问工具栏中。

> **注意：** 在对话框中选中复选框，可在功能区下方显示快速访问工具栏。

方法2：

例如，将【插入】选项卡【形状】添加至快速访问工具栏。

（1）单击切换至【插入】菜单选项。

（2）右击【插图】段落中的【形状】按钮，从弹出的快捷菜单中选择【添加到快速访问工具栏】命令，如图1-54所示。

图1-54

（3）【形状】按钮就被添加到了快速访问工具栏中，如图1-55所示。

"形状"按钮

图1-55

第 2 章

文本输入、编辑与美化

本章导读

2.1　输入文本

在 Word 操作过程中，输入文档是最基本的操作，通过【即点即输】功能定位光标插入点后，就可开始录入文本了。文本包括汉字、英文字符、数字符号、特殊符号及日期时间等内容。

2.1.1　输入文字

在 Word 的操作过程中，汉字和英文符号是最常见的输入内容，用户输入英文字符时，可以在默认的状态下直接输入，如果要输入汉字，先需要切换到中文输入的状态，才能在文档中输入汉字内容。

图 2-1 为输入的宋代苏轼写的《水调歌头》。将其保存为 "水调歌头文本 .docx" 文件。

图 2-1

一篇文章通常会以多个段落的形式来呈现内容，当在文档中输入的文字超过一行可容纳的范围时，Word 就会自动换行输入，而该行的输入宽度则要视文本编辑区的宽度而定。如果该行未写满，但又需要换行时，按下 Enter 键即可进行换行处理。

在编辑文字时，经常要在文中插入一些特殊的符号，而这些符号又无法通过键盘直接输入进来，这时就可将光标指针移到要插入符号的位置，执行【插入】|【符号】命令，然后就可根据实际情况选择需要的符号。如要插入≥，因为它属于数学符号，就可先单击切换到【符号】选项卡，在【字体】下拉列表中选择【普通文本】选项，接着单击选择≥，然后单击【插入】按钮即可。

要让文本格式显得整齐美观，还需要对文字进行美化，如设置【字体】、【字形】、【字号】、【文本效果和版式】、【字符间距】、【对齐方式】、【项目符号】、【编号】、【颜色】等。相关操作在接下来的章节详细介绍。

2.1.2　插入符号

Word 预设了大量的标点符号及多个（如版权所有、注册、商标……）等特殊符号，如果要在文档中标注某个重点时，可以快速插入这些原有的符号。这些符号还允许自定快捷键！为重点项目插入特殊符号与自定义快捷键的方法如下。

操作方法：

首先打开 "鹧鸪天 .docx" 文档，将光标定位在标题 "鹧鸪天" 的起始位置，如图 2-2

所示。

插入特殊符号的方法如下。

1. 打开符号对话框

选择【插入】菜单选项，在【符号】选项面板单击【符号】按钮 Ω 符号▼，在打开的下拉菜单中选择【其他符号】，如图 2-3 所示。此时就打开了【符号】对话框，如图 2-4 所示。

图 2-2

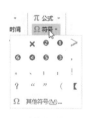

图 2-3

图 2-4

2. 插入符号

在【符号】选项卡下，设置【字体】为【（普通文本）】、【子集】为【标点和符号】，接着拖动符号列表框右侧的滚动块，查找要插入的符号。单击选取【星形轮廓】符号★，最后单击【插入】按钮，如图 2-5 所示；将所选符号插至光标所处位置，如图 2-6 所示。

图 2-5

图 2-6

3. 自定义快捷键

在【符号】对话框中单击【快捷键】按钮，打开【自定义键盘】对话框，如图 2-7 所示。

单击【请按新快捷键】输入框，并按下 Alt+8 组合键，重新定义快捷键的组合方式，最后依序单击【指定】与【关闭】按钮完成自定义操作，如图 2-8 所示。

图 2-7　　　　　　　　　　　　　　　　　　图 2-8

4. 修改与删除快捷键

如果觉得先前设置的快捷键不适合个人习惯，可以再次打开【符号】对话框，选取相应符号后，单击【快捷键】按钮，在【自定义键盘】对话框的【当前快捷键】列表中选取相应组合，再进行重新指定或者单击【删除】按钮，将其清除。

此外，设置快捷键后会在【符号】对话框中显示其组合键，而且每个字符都有着独一的字符代码，如图 2-9 所示，只要正确输入即可快速找到所需的符号。

图 2-9

5. 使用快捷键插入符号

由于已经设置好【星形轮廓】符号的快捷键，下面分别将光标定位于"鹧鸪天"的结束位置，按下 Alt+8 键将快速插入符号，结果如图 2-10 所示。

6. 插入特殊字符

先后将光标定位于"晏几道"的前面与后面，通过按下 Ctrl+- 快捷键的方式，快速插入破折号，最终效果如图 2-11 所示。

图 2-10　　　　　　　　　　　　　　　　　　图 2-11

2.2 在文件中移动位置

当需要编辑一个文件时，首先必须把插入点移到要编辑的文本之前，Word 允许用户使用鼠标或键盘来移动插入点。

2.2.1 使用鼠标移动插入点

用鼠标移动插入点时，先把光标指针移到要设置插入点的位置，然后单击鼠标左键即可。

当编辑长文档时，在文档窗口中仅能看到文件的部分内容。当需要把插入点移到未在窗口中显示的部分时，首先使用滚动块将需要编辑的部分显示在文档窗口中，然后再用光标指针单击需要修改的地方以放置插入点。

滚动块在编辑过程中是非常重要的工具，尤其是想快速查看文件的其他部分时，只要拖动滚动块即可。如果屏幕上没有显示滚动块，可以按照以下步骤来显示滚动块：

（1）选择【文件】|【选项】命令，打开【Word 选项】对话框。

（2）单击【高级】选项卡标签，在【显示】区中，选中【水平滚动条】和【垂直滚动条】复选框，如图 2-12 所示。

图 2-12

（3）单击【确定】按钮，即可在屏幕上显示水平滚动条和垂直滚动条。

1. 使用垂直滚动条

（1）每次移动一行：只要单击垂直滚动条顶部或者底部的滚动箭头。

（2）每次移动一屏：可以单击滚动条和滚动箭头之间的区域，单击滚动条的上方就向上滚动一屏，单击滚动条的下方就向下滚动一屏。

（3）在文件内大范围的移动：滚动条中滚动条的位置表明窗口中文本相对于整个文件的位置。例如，想迅速移到 64 页长文档的第 21 页上，在按住滚动条拖曳时，光标附近会出现当前的页码显示，拖曳中当显示 21 页时，即可释放鼠标，窗口中即显示 21 页内容；想移到文件的末尾，只要把滚动条拖到垂直滚动条的最底端即可。

2. 使用水平滚动条

水平滚动条的操作与垂直滚动条的操作类似。当文件太宽而不能在一屏中显示时，可以单击水平滚动条两端的滚动箭头向左或向右移动，也可以拖动水平滚动条的滚动条快速移动。

无论是使用垂直滚动条还是使用水平滚动条来迅速查看文件，插入点的位置并没有改变。当利用滚动条找到需要修改的内容之后，必须把光标指针移到想设置插入点的地方，然后单击鼠标左键。

2.2.2 使用键盘移动插入点

使用键盘能够快速移动插入点，提高工作效率，并且定位更准确。使用键盘移动插入点时，插入点总是随着你在文件中移动。表 2-1 列出了用于移动插入点的组合键。

表 2-1 使用键盘移动插入点

按 键	移动插入点
←	把插入点左移一个字符或汉字
→	把插入点右移一个字符或汉字
↑	把插入点上移一行
↓	把插入点下移一行
Ctrl+ ←	把插入点左移一个单词
Ctrl+ →	把插入点右移一个单词
Ctrl+ ↑	把插入点移到当前段的开始。如果插入点已位于段落的开始处，可以把插入点移到上一段的开始处
Ctrl+ ↓	把插入点移到下一段的开始处
Home	把插入点移到当前行的开始处
End	把插入点移到当前行的末尾处
PgUp	把插入点上移一屏
PgDn	把插入点下移一屏
Ctrl+PgUp	把插入点移至上一页
Ctrl+PgDn	把插入点移至下一页
Ctrl+Home	把插入点移至文件的开始处
Ctrl+End	把插入点移至文件的末尾处

2.2.3 移到某一特定位置

如果想移到某个特殊的位置，例如，已经知道需要修改的文本在第 4 页，则可以使用【定位】命令跳到某个特殊的位置。按 F5 键打开【查找和替换】对话框，对话框自动切换至【定位】选项卡标签中，如图 2-13 所示。

在【定位目标】列表框中列出了可以选择不同类型的移动方式：页、节、行、书签、批注、脚注、

图 2-13

尾注、域、表格、图形、公式、对象及标题。在【定位目标】列表框中选择想定位的类型，在右边的文本框中输入一个数值或名称来标识位置，然后单击【关闭】按钮。

零基础学 Word

默认情况下，在【定位目标】列表框中选取的是【页】，可以进行以下几种操作：

（1）如果想迅速移到下一页，则单击【下一处】按钮，Word 将把插入点移到下一页第一行的起始位置。单击【关闭】按钮或者按【Esc】键，可以关闭【定位】对话框。

（2）可以在【输入页号】文本框中指定相对位置。例如，输入"+2"表示向前移 2 页，输入"-2"，表示向后移 2 页。这时，【下一处】按钮将变为【定位】按钮，并且使【前一处】按钮变灰。单击【定位】按钮，可以迅速移到某一相对位置。

（3）如果想移到具体的某一页，例如，想迅速移到第 6 页，可以在【输入页号】文本框中输入数字"6"。这时，【下一处】按钮将变为【定位】按钮，并且使【前一处】按钮变灰。单击【定位】按钮，将把插入点迅速移到第 6 页第一行的起始位置，在文档窗口内显示该页的文件。

（4）可以使用同样的方法在当前页中移到某一指定的行，但是必须先从【定位目标】框中选择【行】。这时，可以在【输入行号】文本框中输入一个特定的行号或者一个相对行号，单击【定位】按钮，可以迅速移到某一行。

单击【关闭】按钮关闭【定位】对话框。

2.2.4　返回文件中前一编辑位置

Word 可以跟踪最后三个键入或编辑文本的位置。要回到上一次编辑的位置，则按 Shift+F5 键。继续按 Shift+F5 键直至到达期望编辑的位置。当第四次按 Shift+F5 键时，又会将插入点移到第一次按 Shift+F5 键时的位置。

> **注意：** 打开一个文件时，可以按 Shift+F5 键迅速移到上次保存该文件时编辑的位置。

2.3　多窗口操作

在 Word 中可以同时打开多个文件，它们都在各自的窗口中，打开的方法参照前述。有时，用户需要在多个文件之间进行交替操作。例如，在两个文档之间进行复制和粘贴操作。这样，就涉及多窗口操作问题。

2.3.1　窗口切换

由于文档窗口被最大化，因此一次只能看到一个文档窗口，新打开的文档窗口会覆盖原先的文档窗口。要切换到其他的文档窗口进行编辑，最简单的方式，可以将最上层的文件缩小，这样就能够看到下层的文档窗口了。

切换的方式有以下几种：

1. 用窗口控制按钮

（1）单击 Word 窗口标题栏右侧的最大化（或还原）按钮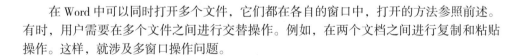，使文档窗口与应用程

序的窗口分开。

（2）拖曳文件的标题栏在屏幕上移动文档窗口，这样可以同时显示第二个文件的标题栏或某个边框，屏幕画面如图 2-14 所示。

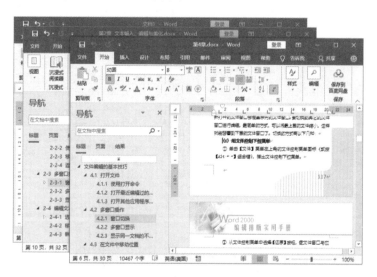

图 2-14

（3）当需要对某个文件进行编辑时，只要用鼠标单击该文档窗口，即可将插入点移到该窗口中，使其成为活动窗口。

2. 直接切换文档窗口

操作方法：

（1）单击【视图】菜单选项卡中【窗口】段落里的【切换窗口】命令，弹出下拉菜单，如图 2-15 所示。

（2）下拉菜单列出了已打开文件的文件名。如果想激活某个文档窗口，只需用鼠标单击相应的文件名即可。

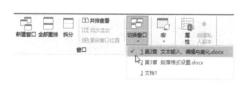

图 2-15

3. 使用任务栏缩微图标

直接单击任务栏中的文件缩微图标，显示该文件窗口。

2.3.2　多窗口显示

在同一屏幕上处理不同文件时，需要打开多个文件，而且要同时显示。如果想使打开的文件同时显示在屏幕上，可以按照以下步骤进行：

（1）打开两个或多个文件。

（2）选择【视图】菜单选项卡的【窗口】段落中的【全部重排】命令，屏幕显示如图 2-16 所示。

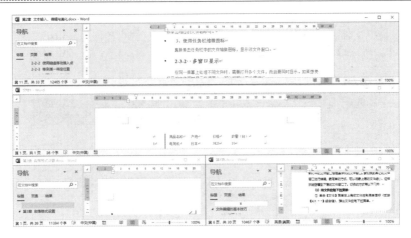

图 2-16

　　这些文档窗口，各有各的滚动块和标题栏。要使其中一个文档成为活动窗口，使用鼠标单击该文档窗口的任一位置即可。

　　由于所有打开的文件同时显示在屏幕上，因此每个文件占用一个很小的窗口，编辑起来很不方便。如果想使活动窗口最大化，则单击该窗口右侧的最大化按钮□即可。

2.3.3　显示同一文档的不同部分

　　长文档处理起来不方便。此时，可以将文档的不同部分同时显示。这里介绍两种不同的方法。

　　1. 利用不同窗口显示同一文档的不同部分

　　操作方法：

　　（1）打开需显示的文档。

　　（2）单击【视图】菜单选项卡的【窗口】段落中的【新建窗口】命令。

　　这样，屏幕上就会产生一个新窗口，显示的是同一文档，用户可以通过窗口的切换和窗口滚动技术，使不同的窗口显示同一文档的不同部分。此时，再打开【窗口】下拉菜单，就可以看到其中列出了两个同名的文档，如图 2-17 所示。

图 2-17

　　尽管不同窗口显示的是同一文档，但是只能有一个窗口是当前激活窗口。值得注意的是，Word 并未将文档复制成多份。不同窗口显示同一文档的不同部分只是对同一文档的不同观察点，使用户能在同一文档的不同部分之间迅速传递信息。用户在其中一个文档窗口对文档进行的修改会同时反映到其他文档窗口中。单击【文件】菜单的【关闭】命令会同时关闭这些窗口。

　　2. 拆分窗口

　　拆分窗口是指利用同一窗口的子窗口显示同一文档的不同部分。

操作方法：

（1）单击【视图】菜单选项卡的【窗口】段落中的【拆分】命令。此时可看到一条灰色的拆分线，将鼠标在文档窗口移动，在需要拆分处单击鼠标。图 2-18 显示了将窗口拆分为两个子窗口的情况。

（2）在子窗口下，用户可对任何子窗口独立地进行操作，而且由于它们是同一窗口的子窗口，因此都是激活的。在这种情况下，同样可以迅速地在文档的不同部分间传递信息。而且，比第一种方法节省屏幕空间，省却了窗口切换这一操作。

（3）如果要想结束这种子窗口状态，单击【视图】菜单选项卡的【窗口】段落中的【取消拆分】命令即可，如图 2-19 所示。

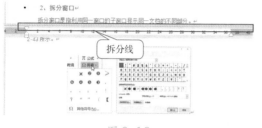

图 2-18　　　　　　　　　　　　　　　　图 2-19

2.4　编辑文本

文档的编辑工作是其他一切工作的基础，因此就需要熟练掌握各种基本的编辑功能。使用 Word 时，大多数的操作只对选中的文本有效，这是"先选定，后操作"的规则。因而，选择文本是编辑字符的前提条件。

2.4.1　选定文本

选择文本有多种方式：使用鼠标选择、使用键盘选择和同时使用鼠标和键盘选择。

1. 使用鼠标选择文本

下面是使用鼠标选定指定的文本内容的方法。

· 在活动文档中，选择【编辑】|【全选】命令，可以选择当前文档的全部内容。

· 双击鼠标可在文档中选定一个由空格和标点符号分隔的短句，或选定一个默认的词；连续单击鼠标 3 次，可选定一段文本。

· 选定多行。可以将光标移到选定栏中要选中的行左侧按下鼠标左键，并拖动鼠标至适当位置释放鼠标即可选定多行文本。

· 使用选定栏。选定栏是文档窗口左边界和页面上文本区左边界之间不可见的一栏，当鼠标指针移到左页距的范围内时，指针形状会自动变成一个指向右上方的 ，这时单击鼠标可以选定指针所指行的整行文字。双击鼠标可以选定指针所指段的整段文字。而连击三次鼠标可以将正在编辑的文档全部文字选定。

2. 使用键盘选择文本

Word 提供了一整套利用键盘选择文本的方法。它们主要是通过 Shift、Ctrl 和方向键来实现的，常见的操作和按键如表 2-2 所示。

> **提示：** 选择段落与选择文本是有区别的。当选择段落时，必须应同时包含该
> 换行符，否则，当进行编辑操作时就会得不到就有的效果。例如，要移动一段文字，
> 如果只选择了段落中的文字移动则只移动其中的文字，而选择了段落中的整个段落
> 后移动，则不仅移动其文字，而且也移动了文字的格式和该段落的换行符。

表 2-2 选择文本用的快捷键

按键	作用	按键	作用
Shift + ↑	向上选定一行	Ctrl+Shift + ↑	选定内容扩展至段首
Shift + ↓	向下选定一行	Ctrl+Shift + ↓	选定内容扩展至段尾
Shift + ←	向左选定一个字符	Shift+Home	选定内容扩展至行首
Shift + →	向右选定一个字符	Shift+End	选定内容扩展至行尾
Ctrl+A	选定整个文档	Shift+PgUp	选定内容向上扩展一屏
Ctrl+Shift+End	选定内容扩展至文档结尾处	Shift+PgDn	选定内容向下扩展一屏

3. 扩展选取模式

在 Word 中，可以使用扩展选取模式选择文本。按 F8 键就可以激活扩展选取模式，如果想关闭扩展选取模式，可以用鼠标双击状态区的【扩展】框，也可以按 Esc 键。

当使用扩展选取模式选择文本时，先将插入点移到选择文本块的开始处，按 F8 键启动扩展选取模式，然后移动箭头键选择任意数量的文本。也可以多次按 F8 键，分别选择一个单词、一句、一段以及整个文件。扩展选取模式下的键盘操作和 F8 键的扩展功能如表 2-3、表 2-4 所示。

表 2-3 扩展选取模式下的键盘操作

按键操作	选定对象
←（→）	前（后）一字符
Ctrl+ ←（→）	至单词词头（尾）
Home（End）	至行首（尾）
↑（↓）	至上（下）一行
Ctrl+ ↑（↓）	至段首（尾）
Shift+PgUp（PgDn）	至上（下）一屏
Ctrl+Home（End）	至文件起始处（结尾处）

表 2-4 F8 键的扩展功能

按 F8 键的次数	选定对象
2	一个单词
3	一句
4	一段
5	一节
6	整编文件

> **注意：** 按 F8 键启动扩展选取方式之后，可以按一个字母键、数字键或其他
> 符号键，则会迅速由插入点选择到该字符出现的位置。例如，按 Enter 键，将选中
> 从插入点到段落末尾的文本。

另外，按 F8 键启动扩展选取模式之后，可以使用【查找】或【定位】命令来扩大选
择范围。使用【查找】命令使选择范围扩大到某一块特殊文字；使用【定位】命令使选

择范围扩大到某一特殊的页、行、书签或脚注等。

2.4.2　移动文本

操作方法：

（1）使用剪切功能移动文本。方法是选择要移动的文本后，选择【剪贴板】|【剪切】命令，再把光标定位到文档中的某个位置，然后单击【粘贴】命令即可。

（2）近距离的文本移动时，可以先选定要移动的文本，然后把鼠标移到所选的区域中，待光标变为左指箭头 ⬸ 时，再按下鼠标左键并拖至所要的位置。如果在按鼠标左键之前先按下 Ctrl 键，再进行拖曳还可实现文本的复制功能。

2.4.3　删除文本

一般在刚输入文本时，可用 Backspace 键来删除光标左侧的文本，用 Delete 键来删除光标右侧的文本。不过当要删除大段文字或多个段落时，这两种方法就不适用了。

选定要删除的文本，执行如下操作可以删除文本：

（1）选择按 Delete 或 Backspace 键。

（2）选择【剪贴板】|【剪切】命令或按 Ctrl+X 键。

2.4.4　复制与粘贴文本

复制与粘贴是一个互相关联的操作，复制的目的是粘贴。

1. 复制

当某一部分文档内容与另一部分的内容相同时，就不必再浪费时间重新输入了，这时完全可以用 Word 中的【复制】命令，将其拷贝过来以节省时间，以加快输入。

选定需要复制的文本内容后，然后执行下面之一的操作：

· 在选定的文本中单击鼠标右键，在打开的快捷菜单中，选择【复制】命令。

· 按 Ctrl+C 快捷键。

· 单击【开始】菜单下的【剪贴板】选项面板中的【复制】按钮 复制 进行复制操作。

2. 粘贴

执行【复制】命令后，复制的文本就将保留在剪贴板中了，接着需要进行粘贴操作，才能达到复制的目的。

粘贴剪贴板中的内容时，先把光标定位到要粘贴的地方，然后执行下面之一的操作：

· 按 Ctrl+V 快捷键。

· 单击鼠标右键，从快捷菜单中执行【粘贴】命令。

· 单击【开始】菜单下的【剪贴板】选项面板中的【粘贴】按钮进行复制操作。

提示：在选定一段文本后，按下 Ctrl 键同时将鼠标移到选择的文本中。当鼠标指针变成向左倾斜的箭头时，按下鼠标左键并拖动至适当位置释放鼠标也可复制文本。

> 提示：剪贴板是一个能够存放多个复制内容的地方，剪贴板可以让用户进行有选择的粘贴文本或图片等。剪贴板中的内容不会马上消失，因此可以进行多次粘贴。

3. 选择性粘贴

进行一般的粘贴时，会对原文本的所有格式都进行粘贴。如果在复制时，只想复制这个数据的其中一部分格式，此时就可以使用选择性粘贴。

操作方法：

（1）当把一些数据复制到剪贴板以后，单击【开始】菜单下的【剪贴板】选项面板中的【粘贴】选项下的向下箭头▼，打开【粘贴选项】面板，单击选择【选择性粘贴】命令，如图 2-20 所示。

（2）此时会弹出一个【选择性粘贴】对话框，如图 2-21 所示。

图 2-21

在此对话框中，如果用户要粘贴剪贴板中的内容的纯文本格式或某一指定格式，就可以在【形式】列表框中选择某一种形式，如选择【带格式文本】选项，则表示以带有字体和表格格式的文字的形式插入【剪贴板】的内容，而一般需要选择【无格式文本】或者【无格式的 Unicode 文本】两个选项，选择它们都只粘贴为纯文本格式。

图 2-20

2.4.5 在两个文件之间复制文本

在 Word 中，可以在同一文件的不同位置之间复制文本，也可以在不同的文件之间复制文本，甚至可以在不同的应用程序之间复制文本。下面以在 Word 的两个文件之间复制文本为例：

（1）在窗口中打开两个 Word 文档。

（2）选择【窗口】菜单中的【全部重排】命令，如图 2-22 所示。

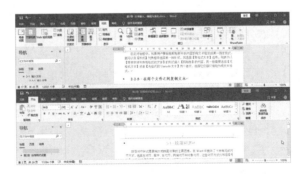

图 2-22

（3）单击文件 1 窗口的任意位置以将其激活，然后选择要复制的文本。

（4）应用 Word【开始】菜单选项卡的【剪贴板】段落中的【复制】和【粘贴】命令即可完成文件间的复制。

2.4.6　撤销键入与重复键入操作

在排版过程中误操作是难免的，因此撤销键入和重复键入以前的操作就非常有必要了。Word 具有强大的复原功能，它位于【快速访问工具栏】里面，如图 2-23 所示，这个功能确实方便了不少的用户。

图 2-23

1. 撤销键入

使用下面任一操作可以进行撤销键入操作：

（1）按 Ctrl+Z 键或 Alt+Backspace 键一次可以撤销前一个操作。反复按 Ctrl+Z 键可以撤销前面的每一个操作，直到无法撤销。

（2）单击快速访问工具栏中的撤销键入按钮，可以撤销前一操作。

2. 重复键入

当进行了撤销操作后，又想使用所撤销的操作，可以使用如下方法重复键入操作：

（1）按 Ctrl+Y 键可以重复前一个操作，反复按 Ctrl+Y 键可以重复前面的多个操作。

（2）单击快速访问工具栏中的重复键入按钮，可以重复之前任意一个操作。

2.4.7　拆分和合并段落

在 Word 中排版，当正文到达行尾时，会自动转至下一行。按回车键可在行尾输入一个硬回车、在段落之间插入一个空行或者结束一个段落。

1. 拆分段落

如果想将一个段落拆分成两个段落，则在想拆分的地方设置插入点。按回车键后，插入点以后的文本就会重新开始一个自然段。

> **注意：** 如果在文件的某个位置需要换行（即该行仍是段落的一部分），可以把插入点移到该位置，然后按 Shift+Enter 键。因为 Word 是以回车键来分隔段落的，用户可以对每个段落进行不同的格式化。为了避免 Word 的分段造成今后对文件格式化的困扰，则以 Shift+Enter 组合键来做单纯换行的工作。

2. 合并段落

如果想将两个段落合并成一个段落，可以把插入点放在所在段的末尾。然后按 Delete 键即可删除该段末尾的段落标记，从而将两段合并成一段。

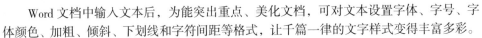
2.5 设置文本格式

Word 文档中输入文本后，为能突出重点、美化文档，可对文本设置字体、字号、字体颜色、加粗、倾斜、下划线和字符间距等格式，让千篇一律的文字样式变得丰富多彩。

在 Word 中，可以通过【字体】对话框（图 2-24）和【开始】菜单中的【字体】选项面板（图 2-25）两种方式设置文字格式。

图 2-24   图 2-25

> **提示：** 单击【字体】选项面板右下角的【功能扩展】按钮，就可以打开【字体】对话框。

2.5.1 设置字体

操作方法：

（1）打开"水调歌头文本 .docx"文件，选中文字"水调歌头"。

（2）单击【开始】菜单下的【字体】右侧的向下箭头，打开【字体】下拉菜单，如图 2-26 所示。

（3）在打开的下拉菜单中选择一种字体，在这里拉动上下滚动块，找到字体【中國龍豪行书】，单击选择该字体为文本应用字体样式，如图 2-27 所示。

（4）应用字体样式后的文本效果如图 2-28 所示。

图 2-26   图 2-27

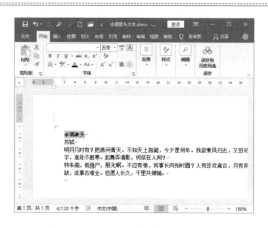

图 2-28

2.5.2 设置字体颜色

选中"水调歌头"文本，单击【字体颜色】右侧的向下箭头▼，打开颜色面板，单击选中一种颜色，在这里选择【标准色】下的【深蓝】颜色，如图 2-29 所示。

此时的文本效果如图 2-30 所示。

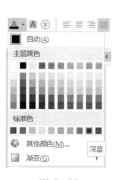

图 2-29

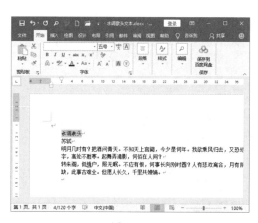

图 2-30

2.5.3 设置字号

选中"水调歌头"文本，单击【字号】右侧的向下箭头▼，打开【字号】下拉菜单，单击选中字号，在这里选择【一号】字号，如图 2-31 所示。

此时的文本效果如图 2-32 所示。

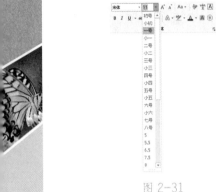

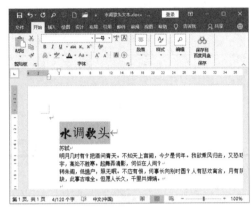

图 2-31   图 2-32

2.5.4 设置字符间距

字符间距是指各字符间的距离，通过调整字符间距可使文字排列得更紧凑或者疏散。
操作方法：

（1）选中要设置字符间距的文本"水调歌头"，再单击【字体】选项面板中的功能扩展按钮⌐，打开【字体】对话框，单击【高级】切换到【高级】选项卡，如图 2-33 所示。

（2）设置【间距】为加宽、【磅值】为 12 磅，增加各字之间的距离，如图 2-34 所示。

图 2-33   图 2-34

（3）此时文本效果如图 2-35 所示。

接下来将文本"苏轼"设置为：字体"黑体"，字号为四号，效果如图 2-36 所示。

图 2-35

图 2-36

2.5.5　设置默认字体

Word 文档默认是宋体五号字，下面以将 Word 文档默认字体改为楷体五号字为例。

操作方法：

（1）选择【开始】菜单选项，单击【字体】选项面板右下角的功能扩展按钮，打开【字体】对话框。

（2）在【中文字体】框中选择楷体，单击【字号】框中的五号，然后单击【默认】按钮，如图 2-37 所示。

以后，所有基于当前模板新建的文档都将使用上面操作所选择的字体设置即楷体五号。

默认字体应用于基于活动模板的新文档，所以不同的模板可以使用不同的默认字体设置。

图 2-37

2.6　复制与清除格式

在对文本设置格式的过程中，可根据需要对格式进行复制与清除操作，以提高编辑效率。

2.6.1　使用格式刷复制格式

当需要对文档中的文本或段落设置相同格式时，可通过【剪贴板】面板中的【格式刷】格式刷快速复制格式，如图 2-38 所示。

选中要复制的格式所属文本，单击【剪贴板】组中的【格式刷】按钮。

此时鼠标呈刷形状，按住鼠标左键不放，然后拖动鼠标选择需要设置相同格式的文本。

完成后释放鼠标，即完成操作。

2.6.2　快速清除格式

对文本设置各种格式后，若需要还原为默认格式，则可使用 Word 的【清除所有格式】功能，快速清除字符格式，如图 2-39 所示。

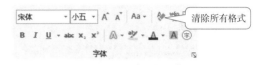

图 2-38　　　　　　　　　　　　　　　　　　　　图 2-39

选择需清除格式的文本，再单击【字体】选项面板中的【清除所有格式】按钮 。之前所设置的字体、颜色等格式即可被清除掉，还原为默认格式。

2.7　突出显示文本

将文本以不同颜色突出显示，可以引起注意，起强调作用。

操作方法：

（1）选定要突出显示的文本。

（2）单击【开始】菜单选项卡的【字体】段落中的【以不同颜色突出显示文本】按钮 右侧的下拉箭头 ，打开如图 2-40 所示的颜色面板。选择一种突出显示的颜色。效果如图 2-41 所示。

图 2-40

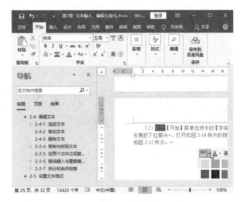

图 2-41

如果要取消突出显示，则选中突出显示的内容，然后选中图 2-40 中的【无颜色】选项即可。

2.8　查看字符和段落格式

在 Word 中，可以很方便地查看字符和段落格式。方法是：先按组合键 Shift+F1，这时，鼠标变成一个带问号的指针形状，然后将鼠标指针指向要查看的字符，再单击鼠标左键，就可以打开一个【显示格式】窗格，显示选定字符和当前段落采用的格式，如图 2-42 所示。

图 2-42

2.9　字符的加宽与缩窄

2.9.1　对文档中已有字符进行加宽设置

操作方法：

（1）选取需要设置的字符。

（2）单击【开始】菜单选项卡的【段落】段落中的【中文版式】按钮 ，在打开的下拉菜单中选择【字符缩放】命令，打开如图 2-43 所示的子菜单。

（3）在子菜单中选择一种缩放比例，比如 200%，选定字符块中的字符就被加宽一倍，如下面的字例所示。如果选择低于 100% 的缩放比例，那么被选取的字符就会按选择的比例缩小显示。

图 2-44 显示了各种不同比例设置的效果。

图 2-43

图 2-44

2.9.2　撤销被加宽或缩小的字符格式

操作方法：

（1）选取要撤销设置的字符。

（2）单击【开始】菜单选项卡的【段落】段落中的【中文版式】按钮 ，在打开的下拉菜单中选择【字符缩放】命令，在打开的子菜单中选择缩放比例为 100%，字符就变回正常显示状态了。

2.10 中文版式

中文版式是 Word 的一系列适合于中文特色的功能，如【纵横混排】、【合并字符】、【双行合一】，下面分别加以详细介绍。

2.10.1 纵横混排

纵横混排也是 Word 中文版新增的功能。

操作方法：

（1）选定要纵横混排的文字。

（2）单击【开始】菜单选项卡的【段落】段落中的【中文版式】按钮 ，在打开的下拉菜单中选择【纵横混排】命令，打开【纵横混排】对话框，如图 2-45 所示。

（3）在【预览】框中预览纵横混排的效果后，单击【确定】按钮，就得到如图 2-46 所示的效果。

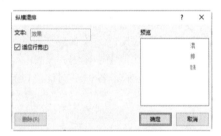

图 2-45

纵横混排_{效果}

图 2-46

2.10.2 合并字符

合并字符是将多个字符组合成一个字符。

操作方法：

（1）选定要进行合并的字符，最多 6 个。

（2）单击【开始】菜单选项卡的【段落】段落中的【中文版式】按钮 ，在打开的下拉菜单中选择【合并字符】命令，打开如图 2-47 所示的【合并字符】对话框。

（3）在【字体】列表中选择字体，在【字号】列表中选择字号。

（4）在【预览】框中预览效果后，单击【确定】按钮，就得到了如图 2-48 所示的合并字符的效果。

图 2-47　　　　　　　　　　　图 2-48

2.10.3　双行合一

　　顾名思义，双行合一就是将一行文字的空间分作两行来显示文字。它与合并字符不同，合并字符是将多个字符合并成一个整体，而双行合一则是在一行的空间中显示两行文字。

操作方法：

　　（1）选定要同时显示在一行中的文字，所选的文字将按字数分作两行。

　　（2）单击【开始】菜单选项卡的【段落】段落中的【中文版式】按钮，在打开的下拉菜单中选择【双行合一】命令，打开【双行合一】对话框，如图 2-49 所示。如果要为双行合一显示的文字添加括号，则选中【带括号】复选框。

　　（3）在【预览】框中预览效果后，单击【确定】按钮，就可以得到如图 2-50 所示的双行合一效果。

图 2-49　　　　　　　　　　　图 2-50

第 3 章

段落格式设置

本章导读

3.1 段落对齐

段落对齐样式是影响文档版面效果的主要因素。在 Word 中提供了 5 种常见的对齐方式，包括左对齐、居中、右对齐、两端对齐和分散对齐，这些对齐方式分布在【开始】选项卡的【段落】选项面板中，如图 3-1 所示。

图 3-1

· 左对齐：段中所有的行的左边对齐，右边根据长短允许参差不齐。

· 右对齐：段中所有的行的右边对齐，左边根据长短允许参差不齐。

· 居中：段落每一行距页面的左、右边距距离相等。

· 两端对齐：段落每行首尾对齐，但未输满的行保持左对齐。

· 分散对齐：段落每行首尾对齐，未满的行调整字符间距，保持首尾对齐。

打开"水调歌头.docx"，选中标题"水调歌头"和文本"苏轼"，单击【段落】选项面板中的【居中】按钮，将标题居中显示，效果如图 3-2 所示。

图 3-2

要设置段落对齐，应先选定要进行段落对齐设置的段落，否则只对当前段落进行设置。然后再选中相应对齐按钮。

可以使用快捷键设置段落对齐方式，如表 3-1 所示。

表 3-1 使用快捷键设置段落对齐方式

快捷键	功能
Ctrl+L	设置段落左对齐
Ctrl+R	设置段落右对齐
Ctrl+E	设置段落居中对齐
Ctrl+J	设置段落两端对齐
Ctrl+Shift+J	设置段落分散对齐

3.2 设置段落缩进

段落的缩进是指段落与页边的距离，段落缩进能使段落间更有层次感。Word 提供了 4 种缩进方式，分别是左缩进、右缩进、首行缩进和悬挂缩进。

3.2.1 使用【段落】对话框设置段落缩进

用户可以使用【段落】对话框（图 3-3）设置段落缩进。

操作方法：

（1）选中如下文本：

"明月几时有？把酒问青天。不知天上宫阙，今夕是何年。我欲乘风归去，又恐琼楼玉宇，高处不胜寒。起舞弄清影，何似在人间？

转朱阁，低绮户，照无眠。不应有恨，何事长向别时圆？人有悲欢离合，月有阴晴圆缺，此事古难全。但愿人长久，千里共婵娟。"

（2）单击【开始】菜单下的【段落】段落右下角的功能扩展按钮，打开【段落】对话框，在【特殊】下选择"首行"，【缩进值】为2字符，如图3-4所示。

图 3-3

在【缩进】框中有三个选项：【左侧】、【右侧】和【特殊】。

·在【左侧】框中可以设置段落从左页边距缩进的距离。输入一个正值表示向右缩，输入一个负值表示向左缩。

·在【右侧】框中可以设置段落从右页边距缩进的距离。输入一个正值代表向左缩，输入一个负值代表向右缩。

·在【特殊】列表框中可以选择首行缩进或悬挂缩进，然后在【缩进值】框中输入缩进量。

（3）效果如图3-5所示。

图 3-4

图 3-5

（4）按 Ctrl+S 快捷组合键保存文档。

3.2.2 使用【段落】段落中的工具栏缩进正文

在【段落】段落中，有两个缩进正文的按钮：【减少缩进量】和【增加缩进量】，如图3-6所示。可以使段落缩进到前一个制表位或下一个制表位。

图 3-6

3.3　设置间距与行距

调整文档中的段落间距和行间距可以有效地改善版面的效果，用户可以根据文档版式的需求，在【段落】对话框中设置文档中的段落间距和行间距，如图3-7所示。

图 3-7

间距有两种，即行间距和段落间距。行间距指的是同一段落内两行之间的距离，而段落间距指的是上一段落的最后一行和下一段落的最前一行之间除去行间距之后的距离。在 Word 缺省设置中，行间距缺省值为 15.6 磅，段落间距缺省值为 0 磅。用户可以按需要设置行间距和段落间距。

操作方法：

（1）如果设置指定段的行间距和段落间距，应选定要设置间距的段落。否则，只对当前段落设置段间距和行间距。

（2）单击【开始】菜单选项卡中【段落】段落右下角的功能扩展按钮 ，打开【段落】对话框，并单击切换至【缩进和间距】选项卡标签，如图3-8所示。

（3）执行如下操作之一：

·如果要设置当前段落和上一段落间的段落间距，应在【段前】编辑框输入间距值。

·如果要设置当前段落和下一段落间的段落间距，应在【段后】编辑框输入间距值。

·如果要设置行距，应在【行距】下拉列表框中选择预设行距：【单倍行距】、【1.5 倍行距】、【2 倍行距】、【最小值】、【固定值】或【多倍行距】。对于【最小

值】和【固定值】，行距值必须大于0.7磅；对于【多倍行距】，可在【设置值】编辑框中输入具体倍数。

图 3-8

（4）设置完毕，单击【确定】按钮即可。

另外，可以使用表 3-2 列出的快捷键完成段落间距和行间距的设置。

表 3-2　快捷键完成段落间距和行间距的设置

快捷键	功能
Ctrl+1	行距为单倍行距
Ctrl+2	行距为双倍行距
Ctrl+5	行距为 1.5 倍行距
Ctrl+0	段前增添或删除一行行距

设置段落间距和行间距后，从该段落后开始新的段落时，会自动继承刚设置的段落间距和行间距。

3.4　项目符号与编号的应用

如图 3-9 所示，项目符号和编号是指在段落前添加的符号或编号。在制作规章制度、管理条例等方面的文档时，合理使用项目符号和编号不但可以美化文档，还可以使文档层次清楚，条理清晰。

图 3-9

3.4.1　添加项目符号

使用 Word 可以快速地给列表添加项目符号，使文档易于阅读和理解，用户可以在输入时自动产生带项目的列表，也可以在输入文本之后再进行编号。

可以在不同的情况下或用不同的方法使用项目符号。

·如果在句首输入 &、F 或 @ 等符号，后面输入文字、空格或者制表位，按 Enter 键也可自动实现项目符号列表。

·如果要是对已经输入的文本进行项目符号列表，只需选中该文本，单击【段落】选项面板中的【项目符号】按钮 即可添加最近使用过的项目符号，若再次单击按钮 ，可以取消当前段落的项目符号。再按 Enter 键，下一段落自动实现项目符号。如要取消项目符号，可连续按两次 Enter 键。

·若要更改项目符号，可单击【项目符号】右侧向下箭头 ，可打开【项目符号】面板，选择项目符号，如图 3-10 所示。单击【定义新项目符号】链接按钮，可以打开【定义新项目符号】对话框，自定义新项目符号，如图 3-11 所示。

图 3-10

图 3-11

3.4.2　修改项目符号的颜色

为文档添加项目符号可以让文档条理更清晰，让阅读者更易阅读。但默认情况下，Word 添加的项目符号都是黑色的，那能不能修改项目符号的颜色呢？接下来讲解在 Word 中如何修改项目符号的颜色。

操作方法：

（1）选中需要修改项目符号颜色的段落。

（2）单击【开始】菜单选项卡，在【段落】段落中找到【项目】按钮，单击此按钮右侧的黑色箭头。

（3）在弹出的下拉菜单中选择【定义新项目符号...】选项。

（4）在弹出的【自定义新项目符号】对话框中，选择【字体】按钮，将会弹出字体对话框。

（5）在弹出的【字体】对话框中，字体颜色默认为无颜色。单击字体颜色下拉选项框，从中选择一个需要的项目颜色。

（6）选择好颜色后，点击【确定】按钮关闭【字体】对话框，回到【定义新项目符号】对话框中，从预览窗口可以看到，项目符号的颜色改成了我们选择的颜色。

（7）单击【定义新项目符号】对话框中的【确定】按钮，文档中的项目符号就已经修改成所选定的颜色了。

至此，就完成了对项目符号颜色的修改。

> **注意：** 在对项目符号修改颜色前，一定要先选中要修改的项目符号后再做修改。

3.4.3 添加编号

在句首输入类似"1."、"1）"、"（1）"、"一、"、"第一、"、"a）"等编号格式符号时，如果后跟一个以上的空格或者制表位，按回车键后，Word 就会自动对其进行编号。

·如要对段落进行编号，也可以选中要编号的文本，单击【段落】选项面板中的按【编号】按钮即可。再按回车键，在下一行段落就会出现相同、按顺序的编号。如要取消自动编号，可再次单击【编号】按钮。

·如要更改编号的形式，可单击【编号】右侧向下箭头，可打开【编号】面板，设置编号，如图 3-12 所示。单击【定义新编号格式…】选项按钮，可以打开【定义新编号格式】对话框，自定义新的编号样式，如图 3-13 所示。

图 3-12　　　　图 3-13

3.5 保持段落完整

在输入和排版文本时，Word 会把文档划分成页。当满一页时，Word 自动地增加一个分页符并且开始新的页面。有时会使一个段落的第一行排在页面的底部或者使一个段落的最后一行排在下一页的顶部，给阅读带来了麻烦。

利用【段落】对话框的【换行和分页】选项卡中的【分页】选项，可以控制 Word 自动插入分页符。这非常有用，例如，可以使标题与紧跟其后的段落在一起；可以使某一特定的段落出现在新的一页中。

当要设置段落分页时，可以选择【开始】菜单选项卡中【段落】段落右下角的功能

扩展按钮🔲，打开【段落】对话框。切换到【换行和分页】
选项卡标签，屏幕显示如图3-14所示。

在【换行和分页】选项卡标签的【分页】区中有4个复选框：

·【孤行控制】：选择该复选框，可以防止段落的第一
行出现在页面底部或者段落最后一行出现在页面顶部。

·【与下段同页】：选择该复选框，Word不会将被选的
段落与紧跟其后的段分开。该选项在要求标题和其后续段落在
同一页上时尤为有用。将这一项功能应用于每一标题，可以避
免标题出现在一页的底部，而随后的正文却出现在下一页顶部
的情况。

·【段中不分页】：选择该复选框，可以强制一个段落
一定在同一页，以保持该段落的完整性。

·【段前分页】：选择该复选框，可以使分页符出现在
选定段落之前。当某一特定段落需要编排在新页的开头时，可
以选择该复选框。

图 3-14

根据需要设置完成之后，单击【确定】按钮返回到文档中。

3.6　利用【段落】对话框执行中文版式

利用【段落】对话框的【中文版式】选项卡标签中的选项，可以控制首尾字符以及
字符间距等。

选择【开始】菜单选项卡中【段落】段落右下角的功能扩展按钮🔲，打开【段落】对话框。
单击【中文版式】选项卡标签，屏幕显示如图3-15所示。

在【中文版式】选项卡中，包含以下一些选项：

·【按中文习惯控制首尾字符】：有些标点符号不宜出现在行尾，例如"（【"等，
而有些符号也不宜出现在行首，如"、】。"等。为了控制这些标点符号不在行首或行
尾出现，则需要选择【按中文习惯控制首尾字符】复选框。如果需要更改首尾字符，可
以单击【选项】按钮，打开如图3-16所示的对话框。

在【首尾字符设置】区中，如果选取【标准】单选按钮，【后置标点】与【前置标点】
文本框中会出现Word预设的后置与前置字符。如果选取【自定义】单选按钮，【后置字
符】与【前置字符】文本框中的预设字符仍会保留，但是我们可以自由增删其中的字符。
设置完成之后，单击【确定】按钮返回到【中文版式】选项卡中。

·【允许西文在单词中间换行】：选择该复选框，当英文单词太长时，自动换至下一行。

·【允许标点溢出边界】：该项功能与【按中文习惯控制首尾字符】功能类似，当
行尾之后为某些标点符号时，将按设置的方式自动调整位置，使该标点符号挤在行尾。

·【允许行首标点压缩】：该项功能是设置当行首为全角的前标点符号，如"【（《"
等时，将自动调整为半角的前标点符号。全角的前标点符号前面多出一个空格，而半角
的前标点符号前面没有空格。

 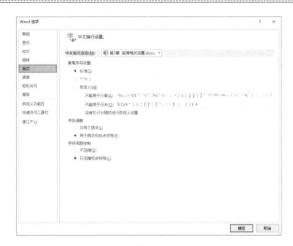

图 3-15　　　　　　　　　　　　　图 3-16

·【自动调整中文与西文的间距】：该项功能是设置在中文与英文之间的空格。
·【自动调整中文与数字的间距】：该项功能是设置在中文与数字之间的空格。
【文本对齐方式】：当段落中字体大小不一致时，该选项的效果非常明显。单击选项列表框右边的向下箭头，在下拉列表中包含如下 4 种对齐方式。
·顶端对齐：段落的各行中、英文字符顶端对齐中文字符顶端。
·居中：段落的各行中、英文字符中线对齐中文字符中线。
·基线对齐：段落的各行中、英文字符中线稍高于中文字符中线。
·底部对齐：段落的各行中、英文字符底端对齐中文字符底端。
基线对齐是默认字体对齐方式，它所产生的对齐效果符合于通常的印制习惯。
当然，用户可以根据自己的需要，选择一种文本对齐方式。

3.7　让英文自动换行

有时候会发现文本显示不均衡，造成页面显示效果很差，如图 3-17 所示，怎么调回正常的自动换行？

对于 Windows 10 来说，模板文件保存在 X:\Documents and Settings\Administrator\Application Data\Microsoft\Templates 目录下。如果在这个目录下没法找到模板文件，可以使用 Windows 的搜索办法。在【搜索】的文件名中键入 "*.dot"，然后单击【搜索】按钮，就会查找到当前路径的所有模板文件。

图 3-17

操作方法：
（1）选择相应的文本内容，然后使用鼠标右键单击，在弹出的菜单中选择【段落】命令。
（2）在打开的【段落】对话框中切换到【中文版式】选项卡中，选中【允许西文单词中间换行】，如图 3-18 所示。
此时文本就会正常显示了，如图 3-19 所示。

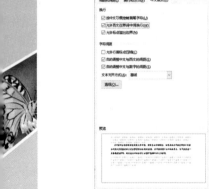

图 3-18

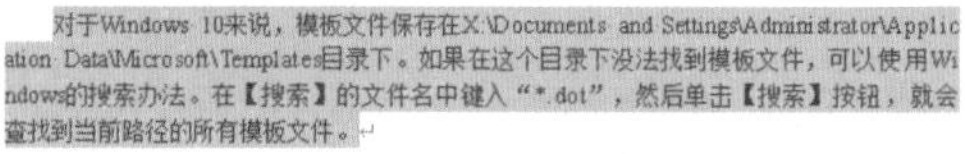

对于Windows 10来说，模板文件保存在X:\Documents and Settings\Administrator\Application Data\Microsoft\Templates目录下。如果在这个目录下没法找到模板文件，可以使用Windows的搜索办法。在【搜索】的文件名中键入“*.dot”，然后单击【搜索】按钮，就会查找到当前路径的所有模板文件。

图 3-19

3.8 实现叠题的制作

翻开报纸，除了抢眼的标题和精彩的图片外，还总有些诸如“特别企划”“跟踪报道”之类的小题花让人眼睛一亮，印象尤深。它们是怎么实现的呢？

接下来以“特别报道”这四个字为例来说明。

操作方法：

（1）在 Word 中输入“特别报道”并将它们选中。

（2）选择【开始】菜单选项，在【段落】段落中单击【中文版式】按钮，在弹出的下拉菜单中选择【合并字符】选项，打开【合并字符】对话框，将【字体】设为【黑体】再将【字号】设为【48】，如图 3-20 所示。

（3）单击【确定】，“特别报道”就叠在一起了，如图 3-21 所示。

合并字符
文字(最多六个)(T): 特别报道
字体(F): 黑色
字号(S): 48 磅
预览
删除(R)
确定
取消

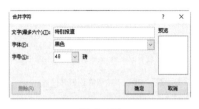

图 3-20

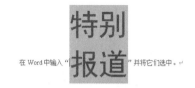

在 Word 中输入“特别报道”并将它们选中。

图 3-21

利用【中文版式】按钮，还可以制作【纵横混排】和【双行合一】的文本效果，如图 3-22 所示。

特别
报道
纵横混排
双行合一

图 3-22

3.9 段落首字放大

平时在看一些杂志上的文章时，发现文章的第一个字显得比其他文字都大得多，达到突出显示的目的。实现这种效果方法如下。

操作方法：

（1）选中段首字，使用鼠标右键单击，在弹出菜单中选择【字体】。

（2）在打开的【字体】对话框中，将字号放大，这里选择字号为【初号】，然后切换到【高级】选项卡中，在【字符间距】栏中设置【位置】为【下降】，如图 3-23 所示，然后单击【确定】按钮。

（3）在【位置】栏下选中所需要的样式。还可以在【选项】栏下具体地设置字体、下沉行数、距正文的距离等参数，然后单击【确定】按钮即可。

文字效果如图 3-24 所示。

图 3-23

此外，在对首字下沉的文字进行编辑时，你可以像对待文本框一样，对其进行缩放、移动等操作。

图 3-24

此外，在对首字下沉的文字进行编辑时，可以像对待文本框一样，对其进行缩放、移动等操作。

3.10 插入手动换行符

手动换行符结束当前行并将文本继续显示在下一行。

例如，假设段落样式在段前包含多余的空格，若要省略两行短文本之间的多余空格，如地址或诗歌之间的空格，可将手动换行符插入每行的后面，而不是按 Enter 键。

操作方法：

单击要插入换行符的位置，然后按 Shift+Enter 组合键。

3.11 应用边框与底纹

要制作文档时，为修饰或突出文档中的内容，可以使用【开始】菜单选项卡的【段落】段落中的【边框】按钮，对标题或者一些重点段落添加边框或者底纹效果，如图 3-25 所示。

图 3-25

3.11.1　给段落添加边框

给段落添加边框，按照以下步骤进行：

（1）选择要添加边框的一个或多个段落。如果仅给一个段落添加边框，可以把插入点放在该段中。

（2）单击【开始】菜单选项卡的【段落】段落中的【边框】按钮，在下拉窗口中选择【边框和底纹】命令，打开【边框和底纹】对话框。

（3）单击【边框】选项卡标签，屏幕显示如图3-26所示。在【设置】区中有5个选项：【无】、【方框】、【阴影】、【三维】和【自定义】。当在【设置】区中单击【方框】或者【阴影】时，在其右方的【预览】样本区中显示出设置的效果。例如，在【设置】区中选择【方框】时，样本的四周都显示框线。这时，可以单击【预览】区中图示样本的任一条边从而将此边的框线去掉，也可以选择线型后，单击样本的某一条边，从而将边框线改变成新的线型。

图 3-26

（4）在【设置】区中选择【方框】选项。

（5）在【样式】列表框中选择相应线型、颜色和宽度。

（6）在【应用于】下拉列表中选择【段落】。

（7）如果要设置段落正文与边框之间的间距，可以点击【选项】按钮打开【边框和底纹选项】对话框。然后在【距正文间距】区的【上】、【下】、【左】和【右】文本框中输入数值，如图3-27所示。

（8）单击【确定】按钮将打开的对话框关闭，即可得到如图3-28所示的结果。

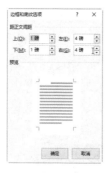

图 3-27

图 3-28

3.11.2　删除边框

要删除已添加的边框，可以按照以下步骤进行：

（1）选择已添加边框的段落。

（2）单击【开始】菜单选项卡的【段落】段落中的【边框】按钮，在下拉窗口中选择【边框和底纹】命令，打开【边框和底纹】对话框。

（3）要删除段落的整个边框，在【设置】区中选择【无】选项；如果想去掉边框上的一条边，可以在【预览】样式区中单击该边。

（4）单击【确定】按钮。

3.11.3　给段落添加底纹

为了突出文档中某个段落，除了加边框之外，还可以加底纹。给段落添加底纹，可以按照以下步骤进行：

（1）选择要添加底纹的一个或多个段落。如果仅给一个段落添加底纹，可以把插入点放在该段中。

（2）单击【开始】菜单选项卡的【段落】段落中的【边框】按钮，在下拉窗口中选择【边框和底纹】命令，打开【边框和底纹】对话框。

（3）单击【底纹】选项卡标签，屏幕显示如图 3-29 所示。

图 3-29

（4）在【图案】列表框中，可以选择底纹的灰色密度百分比（5% ~ 95%）的 23 种图案。列表框前面部分的选项提供各种不同浓淡的灰色底纹，在列表框的下部，可以从各种底纹图案中选择一种。选择某一种灰色密度或者底纹图案之后，在对话框右方的【预览】框中将显示对应效果。例如，选择"5%"。

（5）从【填充】中选择一种颜色，比如橙色。

（6）在【应用于】下拉列表中选择【段落】。如果在【应用于】下拉列表中选择【文字】，那就只能对选中的文字添加底纹。

（7）单击【确定】按钮，即可得到如图 3-30 所示的结果。

如果要删除已添加的底纹，可以选中该段内容，在【底纹】选项卡标签中，将【填充】设置为【无颜色】，将【图案】区中的【样式】设置为【清除】，在【应用于】下拉列表中选择【段落】或【文字】选项，最后单击【确定】按钮即可，如图 3-31 所示。

图 3-30

图 3-31

3.12 样式与模板的使用

在编排一篇长文档或一本书时，需要对许多的文字和段落进行相同的排版工作，如果只是利用字体格式编排和段落格式编排功能，不但很费时间，让人厌烦，更重要的是，很难使文档格式一直保持一致。使用样式可以帮助用户确保格式编排的一致性，从而减少许多重复的操作，并且还能让用户不需重新设定文本格式，就可快速更新一个文档的设计，在短时间内排出高质量的文档。

在本章接下来的内容中，将以"集团员工手册.docx"文档内容为基础进行讲解。

将鼠标光标置于"集团员工手册"中的"第一部分 企业文化"标题上，这是标题1。

3.12.1 如何使用样式

样式是系统自带的或由用户自定义的一系列排版格式的总和，包括字体、段落、制表位和边距等。一篇文档中常包含各种标题，如果每排一个标题都执行多次相同的命令，那将增加很多机械性的重复操作，而有了 Word 中的样式功能，就可以简化排版操作，加快排版速度。而且样式与标题、目录都有着密切的关系。

创建一个新文档时，如果没有使用指定模板，Word 将使用默认的 Normal.dotm 模板，当前的模板(或任何Word的模板)即便用户没有创建过任何样式，其也会很多的内置样式。

Word 本身自带的这些样式，称为内置样式，如标题样式中的【标题1】、【标题2】等，【正文】样式中的【正文首行缩进】等都是内置样式。

> **注意：** 用户可以创建新的样式，称为自定义样式。内置样式和自定义样式都可以进行修改，它们在使用和修改时没有任何区别。但是用户只可以删除自定义样式，却不能删除内置样式。可以为其定义快捷键，以提高效率。同样用快捷键使用样式时，也要先选定使用段落样式的段落。只要光标定位在要使用样式的段落中任何位置，再按所定义的快捷键就行了。

不管是自定义样式还是内置样式，使用时都可以用以下几种方法：

· 在文档中单击【开始】菜单选项中的【样式】选项面中的【其他】按钮，然后在弹出的下拉列表框中，选择其中的一个段落样式即可，如图3-32所示。

· 在文档中单击【开始】菜单选项中的【样式】选项面中的【功能扩展】按钮，打开【样式】任务窗格，选中当前光标所在段落的样式名，如图3-33所示。单击要使用的样式，即可把该样式应用到光标所在的段落。

· 使用快捷键可以快速使用样式。默认情况下，Word 内置样式的快捷键如下。

➢ 按快捷键 Ctrl+Shift+N 使用正文样式。

➢ 按快捷键 Ctrl+Alt+1 使用标题1样式。

➢ 按快捷键 Ctrl+Alt+2 使用标题2样式。

➢ 按快捷键 Ctrl+Alt+3 使用标题3样式。

图 3-32　　　　　　　　　　　　　图 3-33

注意： 在【样式】任务窗格中，有的样式带有符号 **a**，而有的样式带有符号 ↵。带有 **a** 符号的为字符样式，它提供字符的字体、字号、字符间距和特殊效果等。字符样式仅作用于段落中选定的字符。不选中字符是无法应用的。如果需要突出段落中的部分字符，就可以定义和使用字符样式。带 ↵ 符号的是段落样式。段落样式包括字体、制表位、边框、段落格式等。应用段落样式时，不需要选中整个段落，只需把光标放在该段中的任何位置即可。

3.12.2　新建样式

如果用户不想更改原有的样式，而又想使用一种需要的样式，此时就可以创建一些新样式。一般创建的都是段落样式，如果需要，也可以创建字符样式。

操作方法：

（1）单击【开始】菜单选项中的【样式】选项面中的功能扩展按钮 ，打开【样式】任务窗格，如图 3-34 所示。

（2）单击【新建样式】按钮，打开【根据格式化创建新样式】对话框，如图 3-35 所示。

（3）在【名称】文本框内，输入新建样式的名称，如输入【新标题 1】。这个名称可以任意命名，但一般最好用与该段落意义相近的名称，如图注和说明文字就用【图注】或【题注】等，但该名称不能与内置样式同名。

（4）在【样式类型】下拉列表框中，选择样式的类型，一般选择的是【段落】选项，如果需要新建的是字符样式，则可以选择【字符】选项。

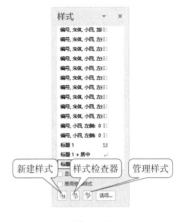

图 3-34

51

> **提示：** 如果是修改已有样式，则无法使用此选项，因为不能更改原有样式的类型。在这里一定要选择【段落】样式类型。如果新建的是【字符样式】，则不能设置其【段落】、【图文框】、【编号】和【制表位】等格式，并且不能设置该样式自动更新。

（5）在【样式基准】下拉列表框中，选择一种样式作为基准。默认情况下，显示的是【正文】样式。

（6）在【后续段落样式】下拉列表框中，为所创建的样式指定后续段落样式。后续段落样式指应用该样式的段落下一段的默认段落样式。通常情况下都选正文样式。

（7）单击【格式】按钮，可以选择【字体】、【段落】和【快捷键】等，如图 3-36 所示。【段落】、【制表位】、【边框】等定义格式方法与普通的格式设置方法一样。

图 3-35

图 3-36

（8）使用样式本来就是为了快速设置文档的格式，因此，就需要为其定义快捷键。而且熟练使用快捷键是提高 Word 操作的捷径。选择了【快捷键】命令后，打开【自定义键盘】对话框，如图 3-37 所示。

（9）把光标定在【请按新快捷键】列表框中，然后按需要的按键（一般要使用三个键以上，以免快捷键重复），如在键盘上，同时按下 Ctrl 和数字 1 键，那么该输入框中就显示为 Ctrl+1，如图 3-38 所示。

（10）单击【指定】按钮，这时指定的快捷键将出现在【当前快捷键】列表框中。最后单击【关闭】按钮，返回到【根据格式化创建新样式】对话框继续其他的操作。

（11）在【根据格式化创建新样式】对话框中还有两个复选框。选中【基于该模板的新文档】复选框可以在此后新建的 Word 文档中，都出现该样式。如果选中【自动更新】复选框，则无论何时用户将人工格式应用于设置的此样式的任何段落，都自动重新定义该样式。

（12）单击【确定】按钮，即可建立一个名为【新标题 1】的样式。

图 3-37　　　　　　　　　　　　图 3-38

3.12.3　修改样式

应用了一个样式之后，可能需要对其中的某些属性进行修改，无论是内置样式还是用户创建的样式，都可以进行修改。修改样式一般是利用【样式】对话框进行修改。

操作方法：

（1）单击【开始】菜单选项中的【样式】选项面中的功能扩展按钮，打开【样式】任务窗格。

（2）选择要进行修改的样式，这里选择【新标题 1】，使用鼠标右键单击，在弹出菜单中选择【修改】，打开【修改样式】对话框，如图 3-39 所示。

图 3-39

（3）单击【格式】按钮，打开一个菜单，可以选择【字体】、【段落】、【制表位】、【边框】等定义格式进行更改，在这里选择【段落】，在弹出的【段落】对话框中，按照如图 3-40 所示进行设置。此后的操作就与新建样式的操作一样了。

提示： 如果是自定义的样式，可以在【名称】文本框内更改样式名。如果是 Word 的内置样式，则已有样式名不能被删掉，只能在已有样式名后加备注。

图 3-40

3.12.4 删除样式

如果不再需要使用某个样式，可以将其从文件的样式列表中删除。

1. 在【样式】任务窗格删除样式

操作方法：

（1）单击【开始】菜单选项中的【样式】选项面中的功能扩展按钮，打开【样式】任务窗格。

（2）在【样式】列表中，将鼠标光标置于要删除的样式上，然后单击右边的下拉箭头，选择【删除】或【从样式库中删除】命令即可，如图 3-41 所示。

> **提示：** 如果选择的是内置样式，则无法将其从【样式】列表中删除，此时【删除】按钮将变为灰度显示，如图 3-42 所示。此外，如果删除了用户创建的段落样式，Word 将把正文样式应用于所有用该样式设置格式的段落。

2. 在样式管理器中删除样式

在【管理样式】对话框中，可以删除当前文档中的样式，也可以删除 Word 模板中的样式。

操作方法：

（1）单击【开始】菜单选项中的【样式】选项面中的功能扩展按钮，打开【样式】任务窗格。

（2）单击【管理样式】按钮，打开【管理样式】对话框，如图 3-43 所示。

图 3-41

图 3-42

图 3-43

（3）在【选择要编辑的样式】列表框中，单击选择要删除的样式，然后单击【删除】按钮，最后单击【确定】按钮即可。

第 4 章

页面设置

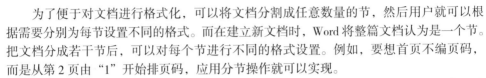

4.1 为文档分节和分栏

为了便于对文档进行格式化，可以将文档分割成任意数量的节，然后用户就可以根据需要分别为每节设置不同的格式。而在建立新文档时，Word 将整篇文档认为是一个节。把文档分成若干节后，可以对每个节进行不同的格式设置。例如，要想首页不编页码，而是从第 2 页由 "1" 开始排页码，应用分节操作就可以实现。

而在各种报纸杂志中，分栏版面随处可见，因此，在排版文档时，也可能需要使用分栏排版的操作。在 Word 文档可以轻易地生成分栏，而且在不同节中可以分成不同的栏数。

4.1.1 插入分节符

操作方法：

（1）打开 "汉彩集团 – 员工劳动合同书 .docx"，将鼠标光标放置到需要插入分节符的位置，单击【布局】菜单选项，在【页面设置】选项面板中，单击【分隔符】按钮，打开如图 4-1 所示的【分隔符】下拉菜单。

（2）在【分节符】中选择需要的分节符类型，如选择【下一页】单选按钮。

分节符有几种类型和作用：

· 下一页：插入一个分节符并分页，新节从下一页开始。

· 连续：插入一个分节符，新节从同一页开始。

· 偶数页：插入一个分节符，新节从下一个偶数页开始。

· 奇数页：插入一个分节符，新节从下一个奇数页开始。

（3）在文档中插入了分节符，如图 4-2 所示。插入分节符后，只能在【页面视图】、【大纲视图】和【沉浸式阅读器】模式下才可以看到。

图 4-1

图 4-2

4.1.2　改变分节符类型

分节符表示节的结尾插入的标记，使用不同的分节符，可以把文档分成不同的节。因此分节符包含了该节的格式设置，如页边距、页面的方向、页眉和页脚以及页码的顺序。如果在分节后，需要改变文档中分节符类型，可以使用两种方法进行：

方法1：选择需要修改的节，选择【布局】菜单选项，单击【页面设置】选项面板右下角的功能扩展按钮，打开【页面设置】对话框，切换到【布局】选项卡，在【节的起始位置】下拉列表框中，选择所需的分节符类型，如【新建页】、【新建栏】、【接续本页】和【奇数页】等，可以根据需要选择要更改的分节符类型，如图4-3所示。

图4-3

各分节类型意义如下：

· 接续本页：表示不进行分页，紧接前一节排版文本，也就是【连续】的分节符。

· 新建栏：表示在下一栏顶端开始打印节中的文本。

· 新建页：表示在分节符位置进行分页，并且在下一页顶端开始新节。

· 偶数页：表示在下一个偶数页开始新节（常用于在偶数页开始的章节）。

· 奇数页：表示在下一个奇数页开始新节（常用于在奇数页开始的章节）。

方法2：在【视图】菜单选项下切换到【页面视图】下来查看分节符的类型，然后选定分节符，按键盘上的 Delete 键，把分节符删除。单击【布局】菜单选项，在【页面设置】选项面板中，单击【分隔符】按钮 ，在打开的【分隔符】下拉菜单选择【分节符】下的插入类型，再重新插入所需的分隔符。

> **提示：** 如果删除一个分节符，那么也同时删除了该分节符前面文本的分节格式。因此，该文本将变成下一节的一部分，并采用下一节的格式。当删除前一节分节符，删除了的分节符又在那一节里出现了。所以，无论是更改或者是删除分节符，都应该从最后一个节后往前的顺序来删除或更改。

4.1.3　分节后的页面设置

1. 分节后的页面设置

分节后，可以根据需要，为只应用于该节的页面进行设置。由于在没有分节前，Word 自动将整篇文档视为一节，故文档中的节的页面设置，与在整篇文档中的页面设置相同。

一篇文档分节后，每当进行页面设置时，默认都是只改变当前节的页面设置，如要使用分节后的页面设置仍然对整个文档起作用，那么只需在【页面设置】对话框的任意选项卡中，选择【应用于】下拉列表框中的【整篇文档】即可，如图4-4所示。

2. 分节后页眉和页脚的设置

分节后可以为该节设置新的页眉或者页脚，而不影响文档中其他部分的页眉和页脚。用户可以为某节页眉或者页脚进行单独或者相同设置。

操作方法：

（1）把光标移到该节中，选择【插入】菜单选项，在【页眉和页脚】选项面板中单击【页眉】或【页脚】选项按钮，然后选择【编辑页眉】或【编辑页脚】命令。

（2）在页眉或页脚编辑状态下，重新设置或输入新的页眉和页脚文字即可。

图 4-4

4.1.4 创建页面的分栏

选择【布局】菜单选项下的【页面设置】选项面板里面的【栏】按钮，可以快速实现简易的分栏。这里打开"保密管理制度 .docx"进行分栏讲解。

操作方法：

（1）选择【布局】菜单选项，单击【页面设置】选项面板中的 | 【栏】按钮 ▦ ，打开【栏】下拉菜单，如图 4-5 所示。

（2）有【一栏】、【两栏】、【三栏】、【偏左】和【偏右】5 种预设分栏格式可以选择。

（3）如果对预设分栏格式不太满意，可以单击【更多栏】选项，打开【栏】对话框，在【栏数】微调框中输入所要分割的栏数，如图 4-6 所示。

（4）如果要使各栏等宽，则选中【栏宽相等】复选框，并在【宽度和间距】选项组中设置各栏的栏宽和间距，否则取消选中【栏宽相等】复选框的选择。

（5）如果要在各栏之间加入分隔线，则选中【分隔线】复选框，如图 4-7 所示。

图 4-5

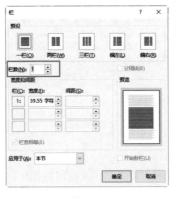

图 4-6

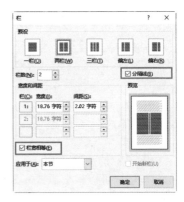

图 4-7

（6）在【应用于】下拉列表框中，选择分栏的范围，如【本节】、【整篇文档】等，在这里选择【整篇文档】。

（7）单击【确定】按钮，即可完成分栏，效果如图 4-8 所示。

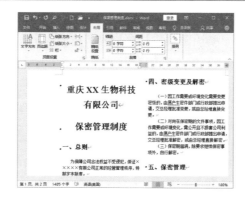

图 4-8

4.1.5 制作跨栏标题

在分栏时，有时候希望文章标题位于所有各栏的上面，即标题本身不分栏，这就需要对文档进行分节处理，也就是制作跨栏标题。

操作方法：

（1）选中要制作跨栏标题的段落，如图 4-9 左图所示。

（2）选择【布局】菜单选项，单击【页面设置】选项面板中的【栏】按钮，打开【栏】下拉菜单。

（3）选择分栏的格式为【一栏】，即是不分栏。

（4）这时在页面视图中就可以看到使用跨栏标题的情况了，效果如图 4-9 右图所示。

图 4-9

4.1.6 平衡分栏后的段落

在分栏操作中，分栏后的页面各栏长度并不一致，最后一栏可能比较短或没有，如图 4-10 所示，这样版面显得很不美观。

使各栏的长度一致的方法如下。

操作方法：

（1）把光标移到要平衡栏的文档结尾处，在这里就是最后的日期结尾处。

（2）选择【布局】菜单选项，单击【页面设置】选项面板中的【分隔符】按钮，打开【分隔符】下拉菜单。

（3）在【分节符】选项组中，选择【连续】项，就可以得到等长栏的效果，如图4-11所示。

图 4-10　　　　　　　　　　　　　图 4-11

4.2 页面设置

在打印文档时，常常需要根据不同情况使用不同的纸张。文档的大小可由纸型来决定，不同的纸型有不同的尺寸大小，如 A4 纸、B5 纸等。

4.2.1 选择纸型

一个文档使用纸张和页边距的大小，可以确定文档的版心、每页的字数。因此选择纸张大小在排版中是非常重要的。一个文档的页面可以是 Word 所支持的随意大小，但是文档的版心必须要有一个标准。如果是出版印刷的书稿，一篇文档的版心一定要有发排单来指定，比如指定为每页为 40 行 ×39 字，即是每页有 40 行，每行有 39 个字。

定义版心的公式是：行数 × 行跨度 = 纸高 –（上页边距 + 下页边距），列数（即字符数）× 字符跨度 = 纸宽 –（左页边距 + 右页边距），可以看出，知道了版心之后，只要知道纸张的宽度与高度，再定义页边距，就可以确定文档的行数和列数了，因为行跨度和列跨度可以使用默认的值。

选择纸型只是设置版心的第一步，这里以选择 16 开的纸张为例。

操作方法：

（1）单击【布局】菜单选项卡的【页面设置】段落右下角的功能扩展按钮 ，打开【页面设置】对话框。并切换到【纸张】选项卡。

（2）在【纸张】选项卡，选择【纸张大小】为【16开】，选择了纸张大小的同时，可以在【宽度】和【高度】看到纸张尺寸大小，如图 4-12 所示。

图 4-12

充电： 文字处理软件的"页面"主要都是根据纸张的规格设置的，如，书刊幅面的大小称为开本，单页纸幅面的大小称为开张，纸张的不同裁切方式称为开式。由于造纸机械的不同，生产出来的全张纸的规格也就不同。

①"开数"是国内对纸张幅面规格的一种传统表示方法，对于图书、刊物等也称为开本。开数是以一张标准全张纸裁剪成多少张小幅面纸来定义的。即以几何级数裁切法将一张标准全张纸切成16张同样规格的小幅面纸，16开，若切成32张小幅面纸，32开。目前，国内生产的全张纸有两个规格，一种规格为 787 mm×1092 mm，这个规格又称为标准开本；另一种规格为 850 mm×1168 mm，这个规格又称大开本。

②国际印刷出版物的纸张通行标准有A、B两个系列。A系列全张纸为 880 mm×1230 mm，B系列全张纸为 1000 mm×1400 mm。我国的开本尺寸已走向国际标准化，逐步开始使用A系列和B系列开本尺寸。

（3）在【应用于】下拉列表框中，选择相应的选项，如果已将文档划分为若干节，则可以单击某个节或选定多个节，再改变纸张大小。如果选择【整篇文档】项，则对全篇文档都应用所选择纸张大小。

提示： 如果要设置特殊性的纸型，可以在【纸型】列表框中选择【自定义大小】选项，然后在【宽度】和【高度】微调框中输入或调整两者的数值。如输入 5.1cm 表示 5.1 厘米、输入 9.0in 表示 9 英寸。但所输入的数值在 0.26~55.87 之间。

4.2.2 设置页边距和页面方向

页边距是页面四周的空白区域，也就是正文与页边界的距离，一般可在页边距内部的可打印区域中插入文字和图形或页眉、页脚和页码等。

选择纸张就等于固定页面的大小，接着是确定正文所占区域的大小，要固定正文区域大小，实际上就是设置正文到四边页面边界间的区域大小。在设置页边距前，要先计算出页边距的大小。

在这里打开名为"办公用品管理制度"的 Word 文档，进行讲解。

1. 计算页边距

以设置 16 开的纸张，每页为 40 行 × 39 字的版心为例，下面先计算出页边距的大小是多少。下面是一些已知参数：

·默认情况下，也就是不作特殊要求的情况下，正文字体都使用 5 号宋体，所以其字符跨度为 10.5 磅，行跨度为 15.6 磅。

·单位统一时，厘米与磅的换算关系是：1 厘米 =28.35 磅。

·计算版心的公式是：行数 × 跨度 = 纸高 −（上页边距 + 下页边距），上页边距 + 下页边距 = 纸高 −（行数 × 行跨度）。

·假设上下页边距都相等。算出数值后，也可以设置其不相等，一般上页边距要比下页边距大一些。

操作方法：

（1）计算纸张的上、下页边距：

假设上页边距为 x，也就是我们要求的数值，那么上页边距＋下页边距就是 $2x$，因此，由版心的公式得

$$x = \frac{纸高 - (行数 \times 跨度)}{2}$$

把已知的数值（16 开的纸型高度为 26 厘米，行跨度为 15.6 磅，1 厘米 =28.35 磅）代入公式，计算得

$$x = \frac{26 - \left(40 \times \dfrac{15.6}{28.35}\right)}{2} \approx \frac{26 - 22.0}{2} \approx 2.0\,(厘米)$$

（2）再计算纸张的左、右页边距：

假设左页边距为 y，那么左页边距＋右页边距就是 2y，由版心的公式得

$$y = \frac{纸宽 - (字符数 \times 字符跨度)}{2}$$

把已知的数值代入公式，得到

$$y = \frac{18.4 - \left(39 \times \dfrac{10.5}{28.35}\right)}{2} \approx \frac{18.4 - 14.4}{2} \approx 2.0\,(厘米)$$

可以看到其计算结果都是 2 厘米。

2. 设置页边距

操作方法：

（1）单击【布局】菜单选项，在【页面设置】选项面板中，单击右下角的功能扩展按钮，打开【页面设置】对话框，单击切换到【页边距】选项卡，如图 4-13 所示。

（2）分别在【页边距】区域中的【上】、【下】、【左】、【右】微调框中输入 2（不过在输入时最好输入一个小一点的值，因为前面的计算是有误差的），如图 4-14 所示。

如果在【多页】的下拉列表框中的【对称页边距】选项，表示当双面打印时，正反两面的内外侧边距宽度相等，此时原【页边距】区域下边的【左】、【右】微调框分别变为【内侧】、【外侧】框，如图 4-15 所示。在这种情况下，左侧页面的页边距是右侧页面页边距的镜像（即内侧页边距等宽，外侧页边距等宽）。

图 4-13

图 4-14

图 4-15

> **提示：** 如果用户要经常使用该版心，可以单击对话框左下角的【设为默认值】按钮，这样新的默认设置将保存在该文档基于 Normal 的模板中，此后每一个新建文档将自动使用该版式设置。

3. 设置页面方向

设置页面方向的方法就是在【纸张方向】选项组中，选择【纵向】或【横向】即可。

4.2.3 指定每页字数

页面设置的每一个选项卡都是互相关联的，选择了页面大小或设置页边距后，只是基本确定了页面的版式，但如果要精确指定文档的每页所占的字数，如制作稿纸信函，还需要指定每面的字数是多少。

> **提示：** 在 Word 文档中，文档的行与字符叫作"网格"，所以设置页面的行数及每行的字数实际上就是设置文档网格。可以根据编辑文档的类型，选择是否使用绘图网格。编辑普通文档时，宜选择"无网格"单选框。这样能使文档中所有段落样式文字的实际行间距均与其样式中的规定一致。但在排版书稿时，一般都会指定每页的字数。并且编辑图文混排的长文档时，更应选择该项，否则重新打开文档时，会出现图文不在原处的情况。

操作方法：

（1）在【页面设置】对话框中，切换到【文档网格】选项卡。

（2）选中【指定行和字符网格】单选框，如图 4-16 所示。

图 4-16

（3）单击【确定】按钮即可。因为每页的字数都是算好了的，所以选中【指定行网格和字符网格】单选框后，可以看到行数和列数就是前面计算出来的值。

> **提示：** 在【文字排列】的【方向】区域中有两个选项，如果选择【水平】单选框，表示横向排放文档中的文本；如果选择【垂直】单选框，则表示纵向排放文档中的文本。如果单击对话框中的【字体设置】按钮，可以设置当前整个文档的正文字体。但一般可以通过样式或者通过在【字体】对话框的【字体】选项卡中设置字体。

4.2.4 更改文档部分内容的页边距

操作方法:

(1)选择要修改的页边距的文本。

(2)选择【布局】菜单选项,单击【页面设置】选项面板右下角的功能扩展按钮 ⌐,在打开的【页面设置】对话框中切换到【页边距】选项卡中,在【页边距】栏中设置各项参数。

(3)在对话框底部的【应用于】框中,单击【所选文字】,如图 4-17 所示。Word 自动在应用新页边距设置的文字前后插入分节符。如果文档已划分为若干节,可以单击某节或选定多个节,然后更改页边距。

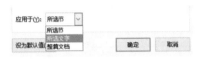

图 4-17

(4)单击【确定】按钮即可。

4.3 多栏版式

多栏版式类似于报纸的排版方式,使文本从一个栏的底端接续到下一栏的顶端。在分栏的外观设置上,Word 有很大的灵活性,用户可以控制栏数、栏宽以及栏间距等。

整个文档可以有不同的栏数,也可以仅改变某一页的栏数或者文档某部分的栏数,必须使该部分成为单独的节。如果在一页中插入了一个或多个连续的分节符,则该页可以包含几种分栏格式。仅在页面视图或打印预览视图下,才能真正看到多栏并排显示的效果。在普通视图中,只能按一栏的宽度显示文本。

4.3.1 建立多栏版式

操作方法:

(1)打开要进行分栏排版的文档"保密管理制度 .docx"。

(2)切换到【页面视图】方式下。

(3)选择【布局】菜单选项卡中【页面设置】段落里的【栏】命令,打开如图 4-18 所示的下拉窗口。

(4)单击【更多栏】命令,打开如图 4-19 所示的【栏】对话框。

在【栏】对话框中,可以设置以下选项:

·【预设】:在【预设】区中提供了五种分栏格式。可以根据需要选用。

·【栏数】:当栏数大于 3 时,可以在【栏数】文本框中指定栏数。

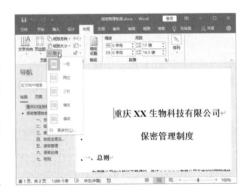

图 4-18

·【宽度和间距】：用来设置栏宽和栏之间的距离。该选项将随栏数的设置而增减。当我们要设置某栏的宽度时，直接在【宽度】框中输入一个数值即可；当要设置栏间距时，直接在【间距】框中输入一个数值即可。

·【栏宽相等】：选择该复选框，使所有栏的宽度都相等。

·【应用于】：在该列表中可以设置分栏应用的范围。在【应用于】列表框中有以下选项：

·整篇文档：将整篇文档变为多栏版式。

·插入点之后：将插入点之后的文本变为多栏版式。

·【分隔线】：选择该复选框，可以在栏间设置分隔线。

·【开始新栏】：在插入点所在的位置放置分栏符，并开始新栏。

（5）如果想将文档分为两栏，则选择【预设】区中的【两栏】选项。

（6）单击【确定】按钮，即可看到如图4-20所示的结果。

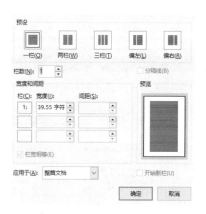

图4-19

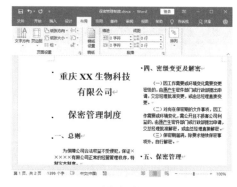

图4-20

4.3.2 控制栏中断

分栏排版时容易出现两个问题，第一个问题是，有时用户不想让一段文本分布在两栏中；第二个问题是，用户有时想让各栏长度基本相等。对于第一个问题，可以通过控制栏中断来解决。控制栏中断有两种方法，第一种方法是控制段落分页。第二种方法是通过插入分栏符来控制栏中断。

1. 用段落分页控制栏中断

操作方法：

（1）选定文本段落。

（2）单击【布局】菜单中的【段落】命令，打开【段落】对话框，并切换至【换行和分页】选项卡标签，如图4-21所示。

·如果要使选定的段落与该段的下一段落在同一栏中，则选择【与下段同页】复选框。

·如果要避免选取的段落分布在两栏中，则选择【段中不分页】复选框。

（3）单击【确定】按钮。

2. 通过插入分栏符控制栏中断

要通过插入分栏符控制栏中断，应执行如下操作：

（1）将光标定位于需要插入分栏符处。

（2）单击【布局】菜单选项卡中【页面设置】段落中的【分隔符】命令，打开【分隔符】下拉窗口，如图 4-22 所示。

（3）单击【分页符】选项卡下面的【分栏符】选项即可。

图 4-23（a）、（b）显示了控制栏中断的效果。

图 4-21　　　　　　图 4-22

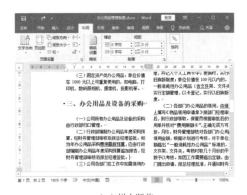

（a）栏中断前

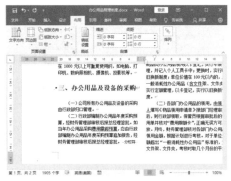

（b）栏中断后

图 4-23

4.3.3　平衡栏长

对于各栏栏长不相等的问题，可以通过平衡栏长来解决。

操作方法：

（1）将光标定位于进行分栏排版的文本的结尾处。

（2）单击【布局】菜单选项卡中【页面设置】段落里的【分隔符】命令，打开【分隔符】下拉窗口。

（3）选择【分节符】选项卡中的【连续】选项即可。

图 4-24（a）、（b）显示了平衡栏长效果。

（a）平衡栏长以前　　　　　　　　　　（b）平衡栏长以后

图 4-24

4.3.4　改变栏宽和栏间距

Word 所提供的默认栏间距是 0.75 厘米，用户可以修改它。当调整栏间距时，Word 自动调整栏宽以使文本适应左右边距之间的宽度。

操作方法：

（1）切换到【页面视图】方式下。

（2）在要修改栏宽和栏间距的节中设置插入点。

（3）选择【布局】菜单选项卡中【页面设置】段落里的【栏】命令，在打开的下拉窗口中单击【更多栏】命令，打开【栏】对话框。

（4）在【宽度和间距】区的【栏】标识的列中，显示有栏的序号，如图 4-25 所示。栏数大于 3 时，【栏】标识列的左侧显示滚动条，利用滚动条可以显示未在对话框中出现的栏。在【宽度】标识的列中，显示有对应各栏宽度的文本框，可以在这些文本框中键入数值。在【间距】标识的列中，显示有对应各栏间距的文本框，可以在这些文本框中键入数值以改变各栏之间的间距。

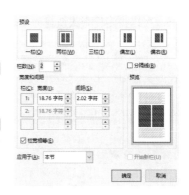

图 4-25

如果选中【栏宽相等】复选框，则只需调节第一栏的栏宽和栏间距，其他栏的栏宽随之等量自动变化；如果清除【栏宽相等】复选框，则可以对其他栏的栏宽和栏间距进行修改。

（5）单击【确定】按钮，返回到文档中。

4.3.5　在栏间加分隔线

用户可以在栏间添加分隔线。

操作方法：

（1）在要设置栏间分隔线的节中设置插入点。

（2）选择【布局】菜单选项卡中【页面设置】段落里的【栏】命令，在打开的下拉窗口中单击【更多栏】命令，打开【栏】对话框。

（3）选中【分隔线】复选框，如图4-26所示。

（4）单击【确定】按钮。结果如图4-27所示。

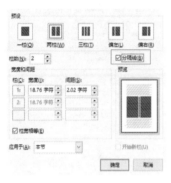

图 4-26

图 4-27

4.3.6　恢复为单栏版式

可以将多栏版式恢复为单栏版式。

操作方法：

（1）将插入点置于要恢复为单栏版式的文档中。

（2）选择【布局】菜单选项卡中【页面设置】段落里的【栏】命令，在打开的下拉窗口中单击【更多栏】命令，打开【栏】对话框。

（3）在【栏数】文本框中输入数字"1"。

（4）单击【确定】按钮，即可将多栏版式恢复为单栏版式。

4.3.7　部分段落设置分栏版式

可以不对整个段落进行分栏，而只对部分段落进行分栏。

操作方法：

（1）切换到【页面视图】方式下。

（2）选择要进行分栏的文本。

（3）选择【布局】菜单选项卡中【页面设置】段落里的【栏】命令，在打开的下拉窗口中单击【更多栏】命令，打开【栏】对话框。

（4）在【预设】区中选择分栏类型。

（5）单击【确定】按钮，所选文本段落即可得到所选的分栏效果。

4.4　给页面添加边框和底纹

操作方法：

（1）打开"办公用品管理制度.docx"，单击【开始】菜单选项卡中【段落】段落中的【边框】命令按钮，在打开的下拉窗口中选择【边框和底纹】命令，如图4-28所示。

（2）在打开的【边框和底纹】对话框中切换到【页面边框】选项卡标签，按照如图4-29所示设置。

（3）单击【确定】按钮，即获得如图4-30所示效果。

图4-28   图4-29   图4-30

4.5 文档网格的设置

Word 将原来【页面设置】对话框的【字符数/行数】选项卡改进为【文档网格】选项卡，这使得其功能更为实用。

通过【文档网格】可以设置每行的字符数和每页的行数，还可以设置文档字体与排列方向，甚至可以对页面进行分栏操作。在绘图的时候，文档网格的作用更为突出。我们常遇到过点不准线段的端点的情况，这时，可以执行如下操作：

（1）单击【布局】菜单选项卡中【页面设置】段落右下角的功能扩展按钮，在打开的【页面设置】对话框中单击切换到【文档网格】选项卡标签，如图4-31所示。

（2）单击【绘图网格】按钮，打开【网格线和参考线】对话框，如图4-32所示。

（3）选中【在屏幕上显示网格线】复选框。

这时，用户画的点将始终在网格上，从而很容易点中它。另外，用户可以在【网格线和参考线】对话框中设置网格间距与起点等属性。

图4-31   图4-32

4.6 页眉和页脚

页眉是位于上页边与纸张边缘之间的图形或文字，而页脚则是下页边与纸张边缘之间的图形或文字。

4.6.1 创建页眉和页脚

在 Word 中，页眉和页脚的内容还可以用来生成各种文本，如日期或页码等。

创建一篇文档的页眉和页脚的情况有两种，可以是首次进入页眉页脚编辑区，也可以是在已有页眉页脚情况下进入编辑状态。如果是已经存在页眉页脚的情况下，可以双击页面中顶部或底部页眉或页脚区域，即可快速进入页眉页脚编辑区。而使用下面的方法，无论是第一次使用页眉和页脚，还是已经存在页眉页脚，都可以进入页眉页脚编辑状态。

在这里打开"办公用品管理制度 .docx"进行讲解。

操作方法：

（1）单击【视图】菜单选项，确保文档处于页面视图下，如图 4-33 所示。

（2）单击【插入】菜单选项，在这里可以找到【页眉和页脚】选项面板，如图 4-34 所示。

图 4-33

图 4-34

（3）单击【页眉】选项按钮，在打开的对话框中单击【编辑页眉】选项，进入页眉编辑状态，在光标处输入"重庆 ×× 生物科技有限公司办公用品管理制度"作为页眉标题，如图 4-35 所示。

> **注意：** 进入页眉页脚编辑区后，这时正文部分变成灰色，表示当前不能对正文进行编辑，当前显示页眉的编辑状态，而在编辑正文的状态下，页眉和页脚呈现灰色状，表示在正文区域中是不能编辑页眉和页脚的内容。

（4）如果单击【转至页脚】按钮，则可切换到页脚编辑状态，如图 4-36 所示。

图 4-35　　　　　　　　　　　　　图 4-36

（5）在页眉或页脚中，可以像在正文状态下输入文字或插入图片。不过，插入的图片如果比较大，最好要把图片设置为浮于文字上方或衬于文字下方，并调整其显示大小。

4.6.2　插入页码

页码是文档格式的一部分，编辑文档时往往需要含有页码来区别不同的页，另外，一个文档很长时，可以分为多个文件，因此每个文件的页码设置就很重要。

操作方法：

（1）在文档中，单击【插入】菜单选项，然后单击【页眉和页脚】选项面板中的【页码】选项按钮，打开页码选项菜单，如图 4-37 所示。在这里选择【页面底端】|【普通数字 1】，如图 4-38 所示。

（2）可以设置页码的位置，有【页面顶端】、【页面底端】两种设置。

提示：如果在【页面设置】对话框的【布局】选项卡中不选中【页眉和页脚】选项组下的【首页不同】复选框，则可在文档的章节首页显示页码，如图 4-39 所示。否则在默认情况下，首页不显示页码。

图 4-37　　　　　　　　图 4-38　　　　　　　　图 4-39

（3）单击【设置页码格式】选项，打开【页码格式】对话框，如图4-40所示。

（4）在【编号格式】下拉列表框中，可以选择插入的页码形式，不但有阿拉伯数字，还有罗马数字Ⅰ、Ⅱ、Ⅲ、Ⅳ和A、B、C等形式，如图4-41所示。在这里选择第二项格式 -1-,-2-,-3-,...。

图4-40　　　　图4-41

（5）【页码编号】中有两个选项：

·【续前节】表示遵循前一节的页码顺序继续编排页码。如果当前文档使用分节符分了两个以上的章节的话，可以使用续前节选项。

·如果文档没有分节，或者分节后不

按前面的章节续页码的话，就可以选中【起始页码】单选框，然后输入起始页的页码。

在这里选中【起始页码】，输入【-1-】，然后单击【确定】按钮。

（6）默认状态下，页码靠近左侧对齐。页码的对齐方式设置与普通文本一样，在这里单击【开始】菜单选项，单击【段落】选项面板中的【居中对齐】按钮，使页码居中对齐，如图4-42所示。

图4-42

（7）双击工作区任意位置，退出页眉和页脚编辑状态，此时工作区的文本恢复正常显示，如图4-43所示。其页眉显示如图4-44所示。

图4-43　　　　图4-44

提示： 如果要在插入页码前后添加文字，可双击插入的页码，进入【页眉和页脚】编辑状态，然后选择所插入的页码，该页码位于一个无边框线无填充色的图文框中，可在该图文框中的页码前后添加文字，并且，可以把页码移动到文档的任何位置。

4.6.3 设置页眉或页脚高度

进入页眉或页脚区域以后，该区域用一条虚线来表示与正文的区分位置。为了易于区分，下面先看看具体页眉页脚区域划分，如图 4-45 所示。

图 4-45

可以看到：页眉高度 = 上页边距 – 页眉文字的高度，页脚高度 = 下页边距 – 页脚文字的高度（正常的 5 号字高度默认为 15.6 磅，即 0.55 厘米）。

下面介绍如何调整页眉或页脚区域的高度。

操作方法：

（1）选择【布局】菜单选项，单击【页面设置】左下角的功能扩展按钮，打开【页面设置】对话框。

（2）单击切换到【布局】选项卡。在【距边界】选区中，可以精确地设置页眉或页脚。因为纸张大小和页面版心大小已经确定，所以只需在【页眉】微调框中，输入从纸张上边缘到页眉上边缘之间的所

需距离（如 1.45 厘米），再在【页脚】微调框中输入从纸张下边缘到页脚下边缘之间的所需距离（如 1.45 厘米），如图 4-46 所示。

许多文档要求页眉或页脚首页、奇数页、偶数页右不同效果，例如首页作为封面、奇数页需要用章名作为页眉、偶数页需要用书名作为页眉。要实现此功能，只需要选中【奇偶页不同】和【首页不同】复选框即可。

图 4-46

> **提示：** 页眉和页脚文字行距的高度会随着其字号改变而改变，因此设置页眉页脚的高度时，要按照其字号的大小而定。比如一般页眉和页脚的字号为小五号，此时如果使用的页眉和页脚高度分别为 1.45 厘米，而如果页眉和页脚的字号为小二号时，1.45 厘米的页眉页脚高度就不适用了，此时就要减小页眉的高度。

4.7 隐藏空白区域来节省屏幕空间

在页面视图中，默认情况下，每页顶部和底部会显示页眉和页脚以及页面之间的灰

色区域。在编辑时有时会觉得这样很占用空间。那怎样把这些去掉呢?

操作方法:

(1)单击【自定义访问工具栏】按钮 ▾,在打开的下拉菜单中选择【其他命令】,打开【Word 选项】对话框。

(2)在【显示】选项栏中取消【在页面视图中显示页面间空白】复选框,如图 4-47 所示。

图 4-47

(3)单击【确定】按钮,结束操作。

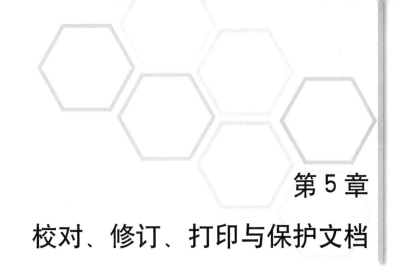

第 5 章

校对、修订、打印与保护文档

5.1 拼写和语法校对

在编辑文件时，拼字检查功能可以检查文件中单字有误的地方，并提供更改为正确的选项，以节省核对的时间。

操作方法：

选择【审阅】菜单选项，单击【校对】选项面板中的【拼写和语法】按钮，在文档右侧会弹出一个【校对】浮动面板，如图 5-1 所示。

（1）在校对时如果发现了问题，会在正文相应文本处以红色下划线标记提醒，如果不做修改，则单击浮动面板中的【忽略】继续校对操作。

（2）将红色下划线文本进行修改后，单击浮动面板中的【继续】按钮，如图 5-2 所示，继续校对操作。

图 5-1

图 5-2

5.2 统计文件中的字数

把文章编辑完成了，是否想知道总共编辑了多少文字呢？Word 提供的字数统计功能，让用户不需要逐字数，即可知道文章中的字数。

操作方法：

（1）以"集团员工手册 - 修订 .docx"为例，单击【审阅】菜单选项下的【校对】选项面板中的【字数统计】按钮，打开【字数统计】对话框，在这里就可以看到整个文档的页数、字数、段落数、行数等统计信息了，如图 5-3 所示。

（2）如果要统计某一部分内容包含的字数，则选中该部分内容，如选中文档中"第一部分　企业文化"中的全部内容（含标题），执行步骤（1）中的操作，则弹出如图 5-4 所示对话框，显示该部分内容包含的页数、字数、段落数、行数等统计信息。

图 5-3   图 5-4

最后将文档保存。

5.3 查找与替换

在 Word 中，查找和替换是两个互相关联的功能，一般来说，查找的目的是替换，而要想替换又必须先查找。

5.3.1 一般查找和替换

Word 的查找和替换功能可以快速搜索文本的特征、符号、每一处指定单词或词组。也可以使用通配符进行查找文档的内容，但不能查找或替换浮动对象、艺术字、水印和图形对象。

要在文档中进行查找和替换一般文字内容时，可以使用下面的操作。

1. 查找

操作方法：

（1）单击【快速访问工具栏】中的【编辑】按钮，打开【编辑】面板，如图 5-5 所示。

（2）单击【查找】右侧的向下箭头 ，选择【查找】选项命令，如图 5-6 所示。

图 5-5   图 5-6

（3）在工作区左侧弹出的搜索文本框中，输入要查找的内容，在 Word 中会自动将与刚才输入的内容相同的部分以黄色标识显示，如图 5-7 与图 5-8 所示。

图 5-7   图 5-8

> **提示：** 当再次在工作区键入内容后，黄色标识会自动消失。

2. 替换

操作方法：

（1）单击【快速访问工具栏】中的【编辑】按钮🔍，打开【编辑】面板，如图5-9所示。

（2）单击选择【替换】选项命令，如图5-10所示。

（3）此时打开【查找和替换】对话框，如图5-11所示。

图5-9　　　　图5-10　　　　　　　　　图5-11

（4）打开名为"外发光和内发光效果"的 Word 文档，如图5-12所示。接下来将""替换为【】。

（5）将光标放置于文档末尾。在【查找和替换】对话框中的【查找内容】文本框中输入："，在【替换为】文本框中输入：【，然后单击【全部替换】按钮，如图5-13所示，在弹出的如图5-14所示对话框中单击【是】按钮，然后在如图5-15所示对话框中单击【确定】按钮；继续在【查找内容】文本框中输入："，在【替换为】文本框中输入：】，然后单击【全部替换】按钮，根据提示按照前述操作进行操作。

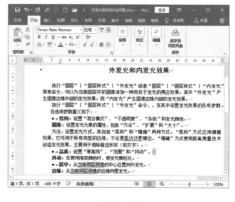

图5-12

图5-13　　　　　　图5-14　　　　　　图5-15

（6）替换操作完成后，单击【查找和替换】对话框中的【关闭】按钮关闭对话框。此时文本效果如图5-16所示。

替换时可用下面两种不同的方法：

方法 1：在【查找和替换】对话框中，反复按【查找下一处】按钮，然后单击【替换】按钮来一个一个将文档中的内容进行正确的替换。

方法 2：在【查找和替换】对话框中，直接按下【全部替换】按钮，不用每个都详细看确认就直接替换了文档中符合搜索条件的所有内容。

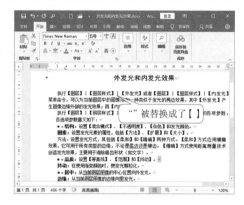

图 5-16

5.3.2 高级查找和替换

使用 Word 的查找、替换功能，不但可以替换文字。而且还可以查找、替换带有格式的文字、段落标记、分页符、段落标记等项目。也可以使用通配符和代码来扩展搜索。

1. 查找和替换有格式的文本

灵活地使用格式的替换功能，可以快速地查找或修改文档中具有相同文字的内容或者具有相同格式的文档内容。

操作方法：

（1）单击【快速访问工具栏】中的【编辑】按钮，在打开的【编辑】面板中单击选择【替换】选项命令，打开【查找和替换】对话框。

（2）在【查找和替换】对话框中，在【查找内容】文本框中输入需要查找的内容。然后单击【更多】按钮，展开更多选项，单击【格式】按钮，打开一个【格式】下拉菜单，从中选择需要查找的文字格式，如【字体】、【段落】、【制表位】和【样式】等，如图 5-17 所示。

图 5-17

（3）将光标定位在【替换为】下拉框中，并在框中输入要替换成的内容。同样，单击【格式】按钮，打开一个【格式】菜单，从中选择需要的文字格式。

> 提示：如果在【查找内容】下拉框中输入文字内容，那么，查找的是具有格式的文字内容。如果不在【查找内容】下拉框中输入任何内容，Word 将查找所有格式的文本；当使用了格式查找和替换时，在【替换为】的下拉框下，就会分别显示所选格式的说明。

（4）单击【查找下一处】（或【替换】）按钮，如果找到相应的内容，该文本就会黑色显示，此时单击【替换】按钮，可以一个一个将文档中的内容进行正确的替换。如果确认替换的内容符合搜索条件的所有内容，则可以直接单击【全部替换】按钮。

2. 查找和替换特殊字符

特殊字符是指一些特殊的操作（如人工分页等）。由于这些特殊的标记也是校对的一项内容，因此，特殊字符的查找和替换功能也经常会用到。

操作方法：

（1）在打开的【查找和替换】的对话框中，按照前面介绍的方法，在文档中选择查找和替换的文档范围与方向。

（2）将光标定位在【查找内容】下拉框中，然后单击【特殊格式】按钮，打开一个【特殊字符】下拉菜单，如图 5-18 所示。

（3）在列表菜单中，选择所需的特殊字符选项，也可以直接在【查找内容】输入框中，输入特殊字符的标记符号。

图 5-18

> **提示：** 有些符号代码只有在选中或取消选中【使用通配符】复选框时才能使用。当需要查找的内容具有特定结构（如某个固定位置上词是完全相同的，而另一些位置上的词则不相同）时，就可以使用通配符进行查找。

（4）如果要替换为特殊字符，可以将光标定位在【替换为】下拉框内，然后，同样单击【特殊格式】按钮，在打开的菜单中选择需要的特殊字符，也可以直接在【替换为】下拉框中，输入特殊字符的标记符号。

（5）单击【全部替换】按钮。完成替换后，单击【关闭】按钮。

5.4　修订与保护文档

一篇文稿有时需要多人合作才能完成，在 Word 中写完的文稿，可以将其直接传送给审阅人进行审查，审查人员可以对文稿进行必要的修订或加上适当的批注，当再次返还时，可以查看审阅人对自己的文稿所做的修订与批注，并决定是否接受或者拒绝这些修订。

5.4.1　修订和更改

打开需要进行修订更改的文稿后，在【审阅】菜单选项中的【修订】和【更改】选项面板中，可以对文稿进行修订和更改操作。在对文稿进行修订时，每一个修订动作将被 Word 记录下来，当文稿传给下一位审阅人时，就可看到文稿中的修订意见。

操作方法：

（1）在"集团员工手册 - 修订 .docx"文档中，跳转到"第三部分 行政人事综合管理制度"的"第二章雇佣"位置。

（2）单击【审阅】菜单选项，找到【修订】选项面板，如图 5-19 所示。单击【修订】按钮　，激活【修订】功能。

图 5-19

（3）单击【显示以供审阅】图标右侧的向下箭头　，在下拉菜单中选择【所有标记】，如图 5-20 所示。

图 5-20

（4）单击【审阅窗格】按钮，在工作区左侧打开【修订】任务窗格。

（5）此时就可对文稿进行修改了，修改后将会在文稿左侧的【修订】任务窗格看到修改过的文字内容了，如图 5-21 所示。

图 5-21

当文件修订完后，可单击【更改】选项面板中的【接受】按钮　，接受所选修订内容。若要快速接受或拒绝某个修订者的所有修订内容，只需选择【接受】下拉菜单中的【接受所有修订】选项或【拒绝】下拉菜单中的【拒绝所有修订】选项即可，如图 5-22 所示。

图 5-22

5.4.2　插入与修改批注

在 Word 中不仅可以直接对文稿进行修订，还可以在适当的地方以批注的方式加上必要的说明。

操作方法：

选择需要加入批注的文字内容，并单击【审阅】菜单选项下的【批注】选项面板中的【新建批注】按钮　，插入批注框，如图 5-23 所示。在批注框中，输入批注内容即可。

图 5-23

5.4.3　自定批注与修订框的大小与颜色

如果对系统默认的批注与修订框大小和颜色不满意，可对其进行修改。

操作方法：

（1）单击【修订】选项面板右下角的功能扩展按钮，打开【修订选项】对话框，如图 5-24 所示。

（2）单击【高级选项】按钮，打开【高级修订选项】对话框，在该对话框中可以自定批注与修订的各项参数，如图 5-25 所示。

图 5-24

图 5-25

插入批注后，如果想要修改批注内容，只需在想要修改的批注框中单击鼠标左键，当批注框中出现插入点后即可修改批注内容了；如果想要删除批注，可在需要删除的批注框中单击鼠标右键，在弹出的菜单中选择【删除批注】命令即可。

5.4.4　保护文档

1. 保护与取消文档保护

如果不想让别人随意编辑修改所建立的 Word 文档，则可以利用 Word 的【保护文档】功能来限制文件的编辑方式，以免产生不必要的麻烦。下面就来分别介绍如何为文档设置格式限制和编辑限制。

操作方法：

（1）在打开的"集团员工手册 – 修订 .docx"文档中，单击【审阅】菜单选项下的【保护】选项面板中的【限制编辑】按钮，打开【限制编辑】浮动面板，如图 5-26 所示。

（2）在浮动面板中勾选【限制对选定的样式设置格式】复选框，并单击【设置】超链接，打开【格式设置限制】对话框，如图 5-27 所示。

（3）在打开的【格式设置限制】对话框中取消勾选需要限制的标题样式，单击【确定】按钮，在弹出的询问对话框中单击【否】按钮，返回 Word 主界面，如图 5-28 所示。

图 5-26

图 5-27   图 5-28

（4）在浮动面板中单击【是，启动强制保护】按钮，打开【启动强制保护】对话框，在【新密码】文本框中输入新密码，并在【确认新密码】文本框中重新输入一遍密码以进行确认，在本例中为文档设置的保护密码为"666666"，最后单击【确定】按钮，为文档启动强制保护，如图 5-29 所示。

（5）设置完保护后，单击【保护文档】窗格中的【有效样式】超链接，会发现刚才对文档中启动限制保护的样式不再在有效样式中出现了，这样别人就无法在该文档中套用被限制的样式了，如图 5-30 所示。

（6）如果想取消保护限制，只用在【限制编辑】浮动面板中单击【停止保护】按钮，在打开的【取消保护文档】对话框中输入先前设置的保护密码即可，如图 5-31 所示。

图 5-29   图 5-30   图 5-31

2. 编辑限制

除了可以对 Word 文档中的文字格式进行保护限制外，还可对文档进行编辑限制，下面就来介绍如何为文档设置编辑限制。

操作方法：

（1）在打开的"集团员工手册 - 修订 .docx"文档中，单击【审阅】菜单选项下的【保护】选项面板中的【限制编辑】按钮，打开【限制编辑】浮动面板。

（2）勾选【仅允许在文档中进行此类型的编辑】复选框，并在编辑限制下拉选框中选择一种编辑方式，在本例中选择【批注】编辑方式，如图 5-32 所示。

编辑限制有四种方式。当选择【修订】时，则只能对文稿进行修订更改；当选择【批注】时，则只能对文稿加入批注；当选择【填写窗体】时，则只能在文稿的窗体中输入文字；

当选择【不允许任何更改】时，则只能阅读该文稿，而不能对文稿做任何修改操作。

（3）设置好编辑保护类型后，单击【是，启动强制保护】按钮，在弹出的【启动强制保护】对话框中输入密码并进行密码确认，在本例中输入的保护密码为"666666"，单击【确定】按钮，为文档启动强制保护，如图 5-33 所示。

图 5-32　　　　　　　　　　　　　　　　　　　图 5-33

设置完后，则只能在该文稿中插入批注了，而不能以其他方式对文稿进行编辑修改。

5.5　打印文档

文档的排版与打印是密不可分的。对文章或书籍进行排版，是为了得到一个较美观的打印效果。Word 打印效果与安装的打印字库、打印机、打印页面、版心等情况有关。打印文档的具体操作如下。

操作方法：

（1）选择【文件】|【打印】命令或按 Ctrl+P，打开【打印】界面，如图 5-34 所示。

（2）在【打印机】下拉列表中选择打印机（安装多台打印机才能进行选择）。

（3）在【设置】选项组下拉列表中可以选择打印的指定范围，如图 5-35 所示。

图 5-34　　　　　　　　　　　　　　　　　　　图 5-35

有如下几个选项：

·打印所有页：打印整篇文档。

·打印当前页面：打印光标所在页。如果当前选定了多页，则会打印其中的第一页。

·打印选定区域：只打印当前所选内容。如果未选定有内容，则无法使用该项。

·自定义打印范围：单击此选项，可以在【页数】中输入
页码范围，如图 5-36 所示。

·仅打印奇数页或仅打印偶数页：如要只打印奇数页或偶
数页，可在列表的【文档信息】下选择【仅打印奇数页】或【仅
打印偶数页】。如果在列表中单击了除【文档】以外的其他内容，
则无法使用此列表。

图 5-36

（4）设置单面或双面打印。

·选择【打印】中的【单面打印】，在输出打印时，则在纸张上进行单面打印。

·单击【打印】中的【单面打印】右侧的向下箭头 ，在弹出菜单中选择【手动双
面打印】，如果使用的不是双面打印机，此选项可以在纸张的两面上打印文档。打印完
一面后，Word 会提示用户将纸张按背面方向打印重新装回纸盒。

（5）份数：设置要打印多少份文档。

（6）在【纵向】或【横向】下拉列表中，可以选择在打印时在纸张上是【纵向】还
是【横向】打印。

·A4：单击【A4】右侧的向下箭头 ，在弹出列表中可以选择要用于打印文档的纸
张类型。例如，可通过缩小字体和图形大小，指定将 B4 大小的文档打印到 A4 纸型上。
此功能类似于复印机的缩小 / 放大功能。

（7）选择好之后，单击左上角的【打印】按钮 ，就开始打印了。

5.6 自动打印多个文档的技巧

　　若有数个已经编辑好的 Word 文档，
可以让系统自动排队打印该文档。但前提
是上述文档必须在同一个文件夹中，并且
打印机具备自动进纸功能。请按以下方法
操作：

（1）打开如图 5-37 所示的【文件资
源管理器】窗口。

（2）找到需要打印的文档所在的文
件夹，然后选中需要进行打印的数个文件。
此时相应文件名呈高亮显示，如图 5-38
所示。

（3）用鼠标右键单击选中的文件名，
此时系统显示文件管理快捷菜单，如图
5-39 所示。

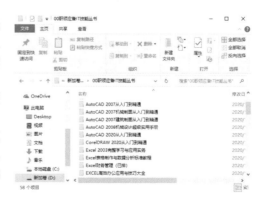

图 5-37

图 5-38   图 5-39

（4）单击【打印】命令，此时系统打开 Word 编辑窗口，将上述文档排队，然后自动进行打印。

第 6 章

图形与图表的应用

6.1 插入图片

可以在 Word 中插入本地电脑中的图片，也可以插入通过联网下载的联机图片。

6.1.1 插入图片——蝶恋花

1. 插入联机图片

操作方法：

（1）打开"蝶恋花 .docx"文档，将光标置于文档中要插入图片的位置，如图 6-1 所示。

图 6-1

（2）在【插入】菜单选项中的【插图】段落中单击【图片】按钮，在打开的【插入图片来自于】对话框中选择【联机图片】，如图 6-2 所示。

图 6-2

（3）此时打开了【联机图片】页面，如图 6-3 所示。该页面下又包括【飞机】、【动物】、【苹果】等 58 个分类。

图 6-3

（4）拖动右侧的上下滚动条，找寻自己想要的分类，这里选择【花】，单击进入【花】子页面，如图 6-4 所示。

图 6-4

（5）拖动右侧上下滚动条往下翻，找到与诗词意境相符的图片，如图 6-5 所示。

图 6-5

（6）将光标移动到该图片上，然后单击【插入】按钮，就将图片插入了诗词中光标所在位置，如图 6-6 所示。

图 6-6

（7）单击插入对象底部，选中文字部分，将其删除，最后效果如图 6-7 所示。

（8）将文档另存为"蝶恋花（配图）.docx"，并关闭。

图 6-7

2. 插入本地电脑中的图片

操作方法：

（1）将光标移到要插入图片的位置，选择【插入】菜单选项，在【插图】选项面板单击【图片】按钮，在打开的【插入图片来自于】对话框中选择【此设备】，打开【插入图片】对话框，如图6-8所示。

图 6-8

（2）选定要打开的文件，然后单击【打开】按钮，即可把图片插入到文档中。

6.1.2　设置图片样式

图片的样式是指图片的形状、边框、阴影、柔化边缘等效果，设置图片的样式时，可以直接应用程序中预设的样式，也可以对图片样式进行自定义设置。接下来图文详解 Word 2019 文档中设置图片样式的方法。

在文档中插入了图片之后，接着就可以对图片的格式进行必要的设置和排版。

操作方法：

（1）打开前面编辑的"蝶恋花（配图）.docx"，使用鼠标右键单击图片，选择【设置对象格式】命令选项，如图 6-9 所示。

（2）此时在文档工作区右侧就会弹出【设置图片格式】浮动面板，如图 6-10 所示。

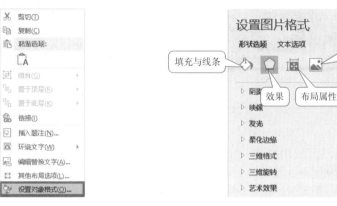

图 6-9   图 6-10

在图 6-10 中可以看到，【设置图片格式】浮动面板里面有四组选项，分别可以设置图像的【填充与线条】、【效果】、【布局属性】和【图片】。限于篇幅，这里不做详细介绍。

接下来介绍【格式】菜单选项在设置图片格式方面的应用。

1. 应用预设图片样式

Word 2019 预设了大量的图片样式，用户可以选择满意的图片样式，然后将其应用于指定的图片。

图 6-11

操作方法：

（1）选择"蝶恋花（配图）.docx"中要编辑的图片，单击【格式】菜单选项下的【图片样式】段落中的【其他】按钮，如图 6-11 所示。

（2）接着在展开的列表中选择合适的图片样式，如图 6-12 所示。在这里选择【映象圆角矩形】样式。

（3）经过以上操作，就为图片应用了预设图片样式，效果如图 6-13 所示。

图 6-12   图 6-13

2. 自定义设置图片样式

自定义设置图片样式时，可以通过调整图片边框、图片效果两个选项进行设置，其中图片效果包括阴影、映象、发光、柔化边缘、棱台、三维旋转六个选项。

操作方法：

（1）继续选中前面打开文档中的图片，设置图片边框颜色。切换至【格式】菜单选项，单击【图片样式】组中【图片边框】右侧的向下箭头 ▾，在展开的列表中单击【主题颜色】区域内的【蓝色 个性色1】选项，如图 6-14 所示。

（2）设置边框宽度。再次单击【图片边框】右侧的向下箭头 ▾，在展开的列表中单击【粗细】|【6磅】选项，如图 6-15 所示。

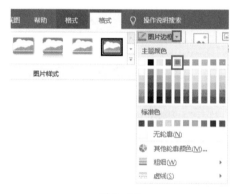

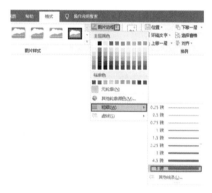

图 6-14   图 6-15

（3）为图片添加阴影。选中图片，单击【图片样式】段落中的【图片效果】按钮，在展开的列表中单击【阴影】下的【外部】组中的【偏移：中】选项，如图 6-16 所示。

（4）设置图片棱台效果。选中图片，再次单击【图片效果】按钮，在展开的列表中单击【棱台】下的【棱台】组中的【圆形】选项，如图 6-17 所示。

图 6-16   图 6-17

（5）经过以上操作，就完成了图片样式的自定义设置，效果如图 6-18 所示。

图 6-18

6.1.3　设置图片在文档中混排

设置图片在文档中混排的方法有两种，其中一种是使用【格式】菜单选项的【排列】选项面板工具栏中的【环绕文字】按钮，在弹出的菜单中，选择一种方式，可以快速设置图文混排方式。下面介绍的是另一种方法，弹出菜单都是一样的。

操作方法：

（1）用鼠标右键单击所选图片，在打开的快捷菜单中选择【环绕文字】命令，打开弹出菜单，如图 6-19 所示。

（2）在菜单中选择一种环绕方式，这里选择【四周型】，然后重新编排一下文字，最后整个文档效果如图 6-20 所示。

图 6-19

图 6-20

图片在文档中的各种混排形式有如下特点：

·对于【嵌入型】的图片，可以像移动文字内容一样，使用复制的方法来移动。

·对于【四周型】、【紧密型】、【穿越型环绕】、【衬于文字下方】、【浮于文字上方】的图片，可以直接用鼠标拖动图片，从而调整图片的位置。但当插入的图片是位图时，【四周型】与【紧密型】的效果是相同的。

6.1.4　使用文本框

在 Word 中，文本框可以像图形对象一样使用，这就是说，可放置在页面上并调整其大小。利用文本框可以更好地处理文本，并能更好地利用新的图形效果。

在文本框中，可以像处理一个新页面一样来处理文字，如设置文字的方向、格式化文字、设置段落格式等。文本框有两种，一种是横排文本框，一种是竖排文本框，它们没有什么本质上的区别，只是文本方向不一样而已。下面以插入横向文本框为例，介绍文本框的使用。

操作方法：

（1）单击【插入】菜单选项下的【文本】段落中的【文本框】按钮 ，打开【内置】面板，如图 6-21 所示。

（2）单击选择一种文本框类型，在这里选择【简单文本框】，然后在文档中像绘制基本图形一样，单击要插入的文本框位置，拖动鼠标绘制文本框，到适当大小后松开鼠标即可。

（3）在文本框中输入文字，或者插入图片等。

（4）如果要在横排和竖排文本框中改变文字的方向，可以先选中要更改文字方向的文本框，然后单击【格式】菜单选项下的【文本】段落中的【文字方向】按钮 ，在弹出面板中，选择所需的文字方向类型即可，如图 6-22 所示。此时也可以单击【文字方向选项】命令，打开【文字方向 - 文本框】对话框进行设置，如图 6-23 所示。

图 6-21　　　　　　　图 6-22　　　　　　　图 6-23

（5）插入的文本框，用户可以像处理图形对象一样来处理，比如可以与别的图形组合叠放，可以设置三维效果、阴影、边框类型和颜色、填充颜色和背景、内部边距等。

技巧：文本框具有链接功能，就是把两个以上的文本框链接在一起，不管它们的位置相差多远，如果文字在上一个文本框中排满，则在链接的下一个文本框中接着排下去，但横排文本框与竖排文本框之间不能创建链接。实现此功能的方法是，创建多个空文本框，并选中第一个文本框，单击【格式】选项菜单中的【文本】段落中的【创建链接】按钮 ，此时鼠标变成 形状，把鼠标移到空文本框上面单击鼠标左键即可创建链接。如果要结束文本框的链接，只需按 Esc 键即可。

6.2 绘制图形

自选图形是一组现成的形状，包括如矩形和圆这样的基本形状，以及各种线条和连接符、箭头总汇、流程图符号、星与旗帜和标注等。使用【绘图】工具栏还可以更改和增强这些对象的颜色、图案、边框和其他效果。

绘制好自选图形以后，用户可以任意改变自选图形的形状，也可以重新调整图形的大小，也可以对其进行旋转、翻转或添加颜色等，还可与其他图形组合为更复杂的图形。

6.2.1 绘制形状

使用 Word 时，经常需要用户自己绘制各种图形。通过【插入】菜单选项下的【形状】工具按钮 绘制所需的图形，如线条、连接符、基本形状、流程图元素、星与旗帜、标注等。

操作方法：

（1）选择【插入】菜单选项，单击【插图】段落中的【形状】按钮 ，显示【形状】面板，如图 6-24 所示。

（2）选择需要的集合，当鼠标变成十字形后，按下鼠标拖动，到达适当位置后松开鼠标，就可以绘制出相应的图形。下面是一些基本的绘图技巧：

·按住 Alt 键移动或拖动对象时，可以精确地调整大小或位置。

·按住 Shift 键移动对象时，对象按垂直或水平方向移动。

·按住 Ctrl 键拖动对象时，对象在两个方向上对称地放大或缩小。

·同时按住 Ctrl 键和 Shift 键移动对象，可以在垂直或水平方向复制对象。

·同时按住 Alt 键和 Shift 键移动对象，可以在垂直或水平方向精确调整大小或位置。

图 6-24

·如果用户用鼠标双击某个自选图形工具按钮，就可以多次使用该工具，而不用每次使用它时都要单击这个工具按钮。

绘制完成一个图形后，该图形呈选定状态，其四周出现几个小圆点称为顶点，在图形的内部出现一个黄色的小棱形称为控制点，当鼠标移动到这个控制点上时，光标就会变成 形状，拖动鼠标可以改变自选图形的形状，如图 6-25 所示。

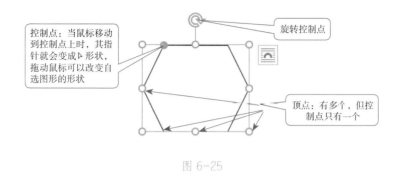

图 6-25

6.2.2　为形状添加文字

在 Word 中，可以为插入的图形对象添加文字，这些文字附加在对象之上并可以随图形一起移动。如果绘制的是标注图形，在绘制完毕后，会自动显示一个文本框让用户输入文字。下面介绍如何为其他图形对象添加文字。

操作方法：

（1）用鼠标右键单击要添加文字的图形对象。

（2）在弹出的快捷菜单中，选择【编辑文字】命令，如图 6-26 所示。此时，所选的自选图形就会显示一个输入文字的文本框。

（3）在文本框中输入需要的文字，如图 6-27 所示，并与在正文中一样，可对字体、字号等进行设置。

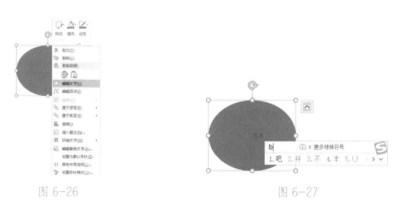

图 6-26　　　　　　　　　　　　　图 6-27

6.2.3　组合图形对象

组合图形对象就是指将绘制的多个图形对象组合在一起，以便把它们作为一个新的整体对象来移动或更改。

操作方法：

（1）按住 Shift 键，使用鼠标逐个单击选择要组合的图形对象，此时，被选定的每个图形对象周围都出现句柄，表明它们是独立的，如图 6-28 所示。

（2）单击【格式】菜单选项中的【排列】段落中的【组合】按钮，然后在弹出面板中单击【组合】命令，选中的图形对象就被组合在一起成为一个整体，如图 6-29 所示。

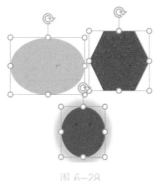
图 6-28

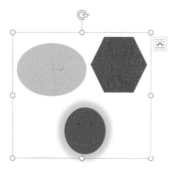
图 6-29

提示：将多个图形对象组合之后，再次选定组合后的对象，就会发现它们只有一个句柄了。如果想要取消它们的组合，则需要选择【排列】段落中的【组合】按钮弹出面板中的【取消组合】命令。

6.2.4　对齐和排列图形对象

如果靠使用鼠标来移动图形对象，很难使多个图形对象排列整齐。在【格式】菜单选项的【排列】段落中提供了快速对齐图形对象的命令。

操作方法：

（1）选择要排列的图形对象，单击【格式】菜单选项的【排列】段落中的【对齐】按钮，在弹出的菜单中选择对齐方式，如图 6-30 所示。

（2）在这里选择【底端对齐】命令。图 6-31 左边为对齐前的效果，右边为底端对齐效果。

图 6-30

图 6-31

6.2.5　叠放图形对象

插入到文档中的图形对象可以把它们像纸一样叠放在一起。对象叠放时，可以看到叠放的顺序，即上面的对象部分地遮盖了下面的对象。如果遮盖了叠放中的某个对象，可以按 Tab 键向前循环或者按 Shift+Tab 键向后循环直至选定该对象。

在 Word 中，可以使用【格式】菜单选项中的【排列】选项面板的【上移一层】按钮或【下移一层】按钮，来安排图形对象的层叠次序。

操作方法：

（1）选定要重新安排层叠次序的图形，如果该图形对象被完全遮盖在其他图形的下方，可按 Tab 键循环选定。

（2）单击【格式】菜单选项中的【排列】选项面板的【上移一层】按钮或【下

移一层】按钮，从弹出菜单中选择所需要的命令。分别有【上移一层】、【下移一层】、【浮于文字上方】、【衬于文字下方】、【置于顶层】、【置于底层】等，在这里选择【置于底层】命令。图 6-32 中的左图为原图，右图为将原图中的最下面的图形置于底层后的效果。

图 6-32

6.2.6　巧用 Word 画曲线

曲线工具是个非常实用的工具，它有点类似于 Photoshop 中的曲线工具，利用它可绘制出各种各样的图形来。

操作方法：

（1）用鼠标单击【插入】菜单选项下的【插图】段落中的【形状】按钮，在弹出的面板中单击选择【线条】分组中的【曲线（或自由曲线）】命令，如图 6-33 所示。

（2）鼠标指针变成一个加粗的【+】号。将【+】号移至文档适当位置处并单击，便可开始画曲线。

（3）在转折处单击左键，就可以绘制出一条曲线，继续在下一个转折点单击鼠标，依此类推，双击鼠标完成，如图 6-34 所示。

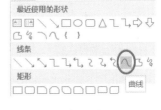

图 6-33

提示：①为方便鼠标定位，绘图时最好按住 Alt 键，否则鼠标移动的幅度有可能过大，不好掌握。②画出来的曲线如果不符合自己的意图，就可以对线条进行修饰。方法是选中曲线后单击右键，在快捷菜单中选【编辑顶点】命令。用鼠标拖动顶点可以改变顶点的位置，如图 6-35 所示，按住 Ctrl 键的同时单击左键，可以增加或删除顶点。

图 6-34   图 6-35

6.2.7   绘制互相垂直的平面

操作方法：

（1）在 Word 中拉出一个简单文本框，并调整文本框的高度和宽度，使其达到合适的尺寸。

（2）在【插入】菜单选项的【插图】段落中单击【形状】按钮，在打开的面板中的【基本形状】下单击选择【平行四边形】按钮，然后就可以在文本框中先画两个平行四边形，使其中一个平行四边形的一条边垂直于另一个四边形的一条边，如图 6-36 所示。

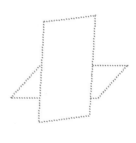

图 6-36

6.2.8   改变图形的颜色、轮廓颜色和三维效果

选定图形后，可以设置图形的颜色、轮廓颜色和三维效果。

操作方法：

（1）单击【格式】菜单选项的【形状样式】面板右上角的【形状填充】按钮，则弹出一个填充颜色面板，可以从中选择一种图形的填充色，如图 6-37 所示。

（2）单击【格式】菜单选项的【形状样式】面板右上角的【形状轮廓】按钮，则弹出一个填充颜色面板，可以从中选择一种图形轮廓的填充色，如图 6-38 所示。

（3）单击【格式】菜单选项的【形状样式】面板右上角的【形状效果】按钮，则弹出一个效果裂变面板，可以从中选择一种效果对图形进行填充，如图 6-39 所示。图 6-40 给出了几种效果应用的图示。

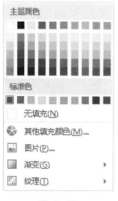

图 6-37

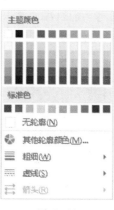

图 6-38

图 6-39

| 原图 | 半映像：接触 | 阴影偏移：下 | 十字形棱台 | 三维离轴 |

图 6-40

6.3 SmartArt 图形的使用

SmartArt 图形和形状图案差不多，只不过它是一种结构化的图案而已，因此和插入形状的方法也十分类似。

6.3.1 插入 SmartArt 图形

插入 SmartArt 图形的操作方法如下：

（1）单击要插入 SmartArt 图形的位置，然后单击【插入】|【插图】|【SmartArt】命令按钮，如图 6-41 所示。

（2）此时打开了如图 6-42 所示的【选择 SmartArt 图形】对话框。

图 6-41

（3）出现【选择 SmartArt 图形】对话框后，从左侧列表中选择图形类型，例如：【层次结构】分类中的【组织结构图】，如图 6-43 所示。

图 6-42

图 6-43

（4）选好图形类型后，单击【确定】按钮，工作表中就会产生一个缺省的 SmartArt 图形，如图 6-44 所示。

（5）将光标放置于 SmartArt 图形的边缘上，当光标变成 形状时，再按住鼠标左键就可以拖动改变其位置，如图 6-45 所示。

（6）将光标放置于 SmartArt 图形的任意一个角点上，当光标变为倾斜的双向箭头时，按住鼠标左键向内或向外拖动光标可以缩小或放大图表，如图 6-46 所示。

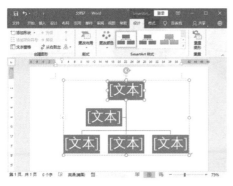
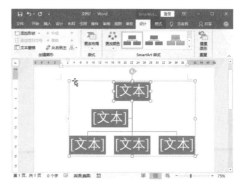

图 6-44　　　　　　　　　　　　图 6-45

插入 SmartArt 图形后，菜单栏自动出现【设计】菜单选项卡并自动跳转到该选项卡下，如图 6-46 所示。

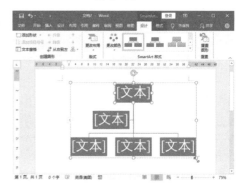

图 6-46

6.3.2　在图形中新增图案

插入组织结构图后，缺省只有 5 个图案方块，可以根据实际需要加入图案。

在图形中新增图案的操作方法如下：

（1）移动鼠标选择要插入新图案的位置，如图 6-47 所示。

（2）单击【设计】菜单选项卡的【创建图形】段落中的【添加形状】命令按钮右侧的向下箭头，在弹出菜单中选择新增图案与所选图案的位置关系，如图 6-48 所示。

（3）在这里选择【在后面添加形状】命令。添加图案后，图表会自动重画，以安排新加入的图案，如图 6-49 所示。

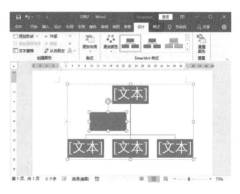

图 6-47

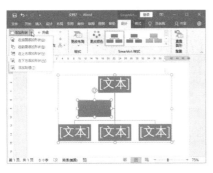
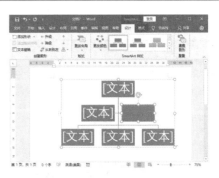

图 6-48　　　　　　　　　　　　　　　　图 6-49

6.3.3　输入图案内的文字

SmartArt 图形中的每一个图案都应该要有说明文字，这些可得要自行输入。

在图案内输入文字的操作方法有如下两种。

方法 1：

（1）单击想要输入文字的图案，输入文字内容，如图 6-50 所示。

（2）单击其他想要输入文字的图案，输入文字，直到完成全部图案的文字输入，结果如图 6-51 所示。

图 6-50　　　　　　　　　　　　　　　　图 6-51

（3）完成文字的输入后，可以单击选择图案，切换到【开始】菜单选项卡中，使用【字体】段落中的命令，设置文字的字体、字号、颜色等格式，如图 6-52 所示。

（4）增大或缩小字号后，可以单击图案，将光标放置在图案的控制点上，拖动光标增大或缩小文本框以适应所对应的文字，如图 6-53 所示。

将其保存为"组织结构图 .docx"。

方法 2：

（1）单击 Smart 图形左侧的按钮，打开如

图 6-52

图 6-54 所示的【在此键入文字】窗口。

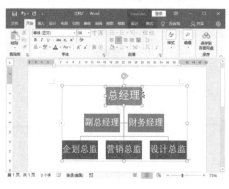
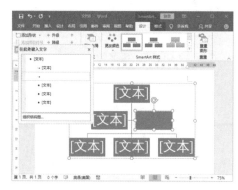

图 6-53　　　　　　　　　　　　　图 6-54

（2）依次单击各个文本选项，输入文字即可，如图 6-55 所示。

（3）单击【在此键入文字】窗口右上角的【关闭】按钮 ✖，关闭该窗口。结果如图 6-56 所示。

图 6-55　　　　　　　　　　　　　图 6-56

6.3.4　设置 SmartArt 图形样式

SmartArt 图形虽然只能画出固定图案，但是还可以设定它的显示样式。

操作方法：

（1）单击组织结构图的空白处，然后切换到【设计】菜单选项卡，单击【Smart 样式】段落【快速样式】右下侧的【其他】按钮 ▼，如图 6-57 所示。

图 6-57

（2）此时打开【文档的最佳匹配对象】窗口，如图 6-58 所示。

（3）单击选择一种样式为组织架构图套用格式，比如【三维】列表框中的【砖块场景】样式，如图 6-59 所示。

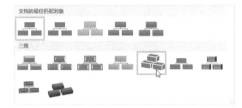

图 6-58　　　　　　　　　　　　　　　　　图 6-59

组织结构图可选的样式是最多的，其他类型的图表由于受到表现方式的限制，可用的样式较少。更改样式后的组织结构图效果如图 6-60 所示。

如果对系统提供的样式都不满意，则可以右击组织结构图任意空白位置，在弹出菜单中选择【设置对象格式】命令，然后在右侧打开的【设置形状格式】任务窗格中，自行设定图案的样式，如图 6-61 所示。具体方法参见 6.2.8 节的内容。

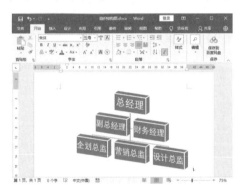
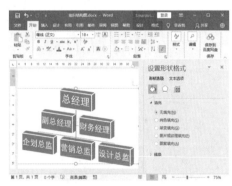

图 6-60　　　　　　　　　　　　　　　　　图 6-61

6.4　插入文档水印

Word 可以在文档中插入图片或文字两种水印。

操作方法：

（1）打开"物品采购清单 .docx"文档，单击【设计】菜单选项，在【页面背景】段落中单击【水印】按钮，在弹出的对话框中选择【自定义水印】，如图 6-62 所示。

（2）打开【水印】对话框，如图 6-63 所示。

此时就可以在对话框中执行添加水印的操作。继续如下操作。

图 6-62   图 6-63

6.4.1　将一幅图片作为水印插入

操作方法：

（1）选中对话框内的【图片水印】项，根据需要设置【缩放】并选中【冲蚀】，如图 6-64 所示。

（2）单击【选择图片】按钮打开【插入图片】对话框，如图 6-65 所示。

图 6-64   图 6-65

（3）单击选择【必应图像搜索】，在打开的【联机图片】页面单击选择【动物】，如图 6-66 所示。

（4）在打开的页面中单击选择一幅老虎图像，如图 6-67 所示，并单击【插入】按钮。

图 6-66   图 6-67

（5）此时【水印】对话框如图 6-68 所示。

（6）单击【确定】按钮，将水印插入文档，效果如图 6-69 所示。

图 6-68

图 6-69

6.4.2　插入文字水印

操作方法：

（1）选中【水印】对话框中的【文字水印】，然后在【文字】下拉列表中选择或输入所需文本。再根据需要设置【字体】、【尺寸】等选项，如图 6-70 所示。

（2）单击【应用】按钮，再单击【关闭】按钮，即可在页面视图中看到水印效果，如图 6-71 所示。

图 6-70

图 6-71

6.5　使用图表

在使用 Word 制作调研报告、项目策划方案、论文写作、数据汇总分析的时候，使用图表可以直观清晰地展示数据，所以经常被使用到。本节为用户介绍图表的基本知识，以及创建、修改与美化操作方法和技巧。

6.5.1 图表要素

1. 常见的6项要素

图表常见的6项要素包括图表标题、绘图区、数据系列、图表区、图例和坐标轴（包括 X 轴和 Y 轴），如图6-72所示。

2. 数据表要素

图表的第7要素为数据表，如图6-73所示。

3. 三维背景要素

图表的第8要素为三维背景，三维背景由基座和背景墙组成，如图6-74所示。

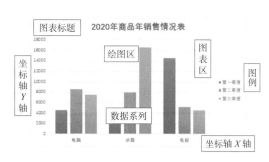

图 6-72

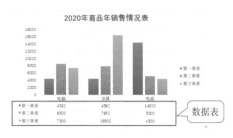

图 6-73

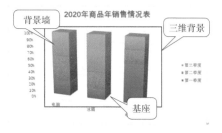

图 6-74

6.5.2 图表类型

按照表示数据的图形来区分，图表分为柱形图、饼图、曲面图等多种类型，同一数据源可以使用不同图表类型创建的图表，它们的数据是相同的，只是形式不同而已。

1. 柱形图

排列在工作表的列或行中的数据可以绘制到柱形图中。柱形图用于显示一段时间内的数据变化或显示各项之间的比较情况，是最常见的图表之一。

在柱形图中，通常沿横坐标轴显示类别，沿纵坐标轴显示值。

柱形图包括如下子图表类型。

（1）簇状柱形图（图6-75）和三维簇状柱形图（图6-76）。

簇状柱形图可比较多个类别的值，它使用二维垂直矩形显示值。三维图表形式的簇状柱形图仅使用三维透视效果显示数据，不会使用第三条数值轴（竖坐标轴）。

当有代表下列内容的类别时，可以使用簇状柱形图类型：

· 数值范围（例如项目计数）。

· 特定范围安排（例如，包含"完全同意""同意""中立""不同意""完全不同意"等条目的量表范围）。

· 不采用任何特定顺序的名称（例如项目名称、地理名称或人名）。

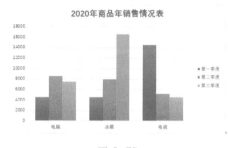

图 6-75　　　　　　　　　　　　　图 6-76

> **注意：** 要使用三维格式显示数据，并且希望能够修改三个坐标轴（横坐标轴、纵坐标轴和竖坐标轴），则改用三维柱形图子类型。

（2）堆积柱形图（图 6-77）和三维堆积柱形图（图 6-78）。

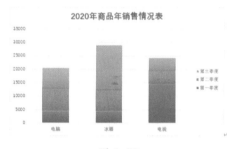

图 6-77　　　　　　　　　　　　　图 6-78

堆积柱形图显示单个项目与总体的关系，并跨类别比较每个值占总体的百分比。堆积柱形图使用二维垂直堆积矩形显示值。三维堆积柱形图仅使用三维透视效果显示值，不会使用第三条数值轴（竖坐标轴）。

当有多个数据系列并且希望强调总数值时，可以使用堆积柱形图。

（3）百分比堆积柱形图（图 6-79）和三维百分比堆积柱形图（图 6-80）。

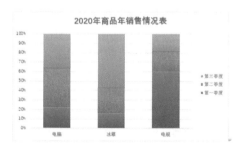
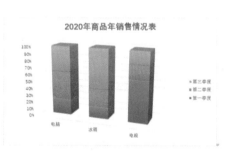

图 6-79　　　　　　　　　　　　　图 6-80

百分比堆积柱形图和三维百分比堆积柱形图用于跨类别比较每个值占总体的百分

比。百分比堆积柱形图使用二维垂直百分比堆积矩形显示值。三维百分比堆积柱形图仅使用三维透视效果显示值，不会使用第三条数值轴（竖坐标轴）。

（4）三维柱形图（图 6-81）。

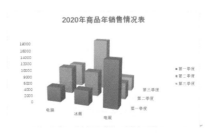

图 6-81

三维柱形图使用三个可以修改的坐标轴（横坐标轴、纵坐标轴和竖坐标轴），并沿横坐标轴和竖坐标轴比较数据点。

> **提示：** 所谓数据点，就是在图表中绘制的单个值，这些值由条形、柱形、折线、饼图的扇面、圆点和其他被称为数据标记的图形表示。相同颜色的数据标记组成一个数据系列。

如果要同时跨类别和系列比较数据，则可使用三维柱形图，因为这种图表类型沿横坐标轴和竖坐标轴显示类别，而沿纵坐标轴显示数值。

2. 条形图

条形图也是显示各个项目之间的对比，与柱形图不同的是其分类轴设置在纵轴上，而柱形图则设置在横轴上。

条形图包括如下子图表类型。

（1）簇状条形图（图 6-82）和堆积条形图（图 6-83）。

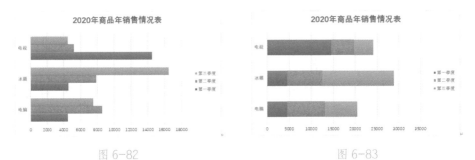

图 6-82   图 6-83

（2）百分比堆积条形图（图 6-84）和三维簇状条形图（图 6-85）。

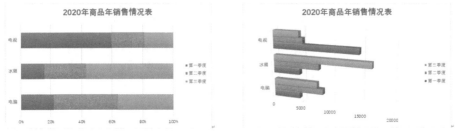

图 6-84   图 6-85

（3）三维堆积条形图（图 6-86）和三维百分比堆积条形图（图 6-87）。

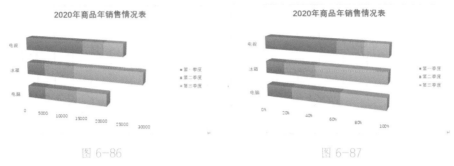

图 6-86　　　　　　　　　　　　　　图 6-87

3. 折线图

排列在工作表的列或行中的数据可以绘制到折线图中。折线图可以显示随时间（根据常用比例设置）而变化的连续数据，因此非常适用于显示在相等时间间隔下数据的趋势。在折线图中，类别数据沿横坐标轴均匀分布，所有值数据沿纵坐标轴均匀分布。

如果分类标签是文本并且表示均匀分布的数值（例如月份、季度或财政年度），则应使用折线图。当有多个系列时，尤其适合使用折线图；对于一个系列，应该考虑使用类别图。如果有几个均匀分布的数值标签（尤其是年份），也应该使用折线图。如果拥有的数值标签多于 10 个，则改用散点图。

折线图包括如下子图表类型。

（1）折线图（图 6-88）和带数据标记的折线图（图 6-89）。

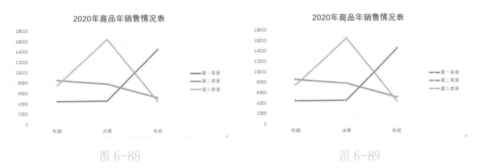

图 6-88　　　　　　　　　　　　　　图 6-89

显示时可带有数据标记以指示单个数据值，也可以不带数据标记。折线图对于显示随时间或排序的类别的变化趋势很有用，尤其是当有多个数据点并且它们的显示顺序很重要的时候。如果有多个类别或者值是近似的，则使用不带数据标记的折线图。

（2）堆积折线图（图 6-90）和带标记的堆积折线图（图 6-91）。

显示时可带有标记以指示单个数据值，也可以不带数据标记。堆积折线图可用于显示各个值的分布随时间或排序的类别的变化趋势，但是由于看到堆积的线很难，因此考虑改用其他折线图类型或者堆积面积图。

（3）百分比堆积折线图（图 6-92）和带数据标记的百分比堆积折线图（图 6-93）。

显示时可带有数据标记以指示单个数据值，也可以不带数据标记。百分比堆积折线图对于显示每一数值所占百分比随时间或排序的类别而变化的趋势很有用。如果有多个类别或者值是近似的，则使用不带数据标记的百分比堆积折线图。

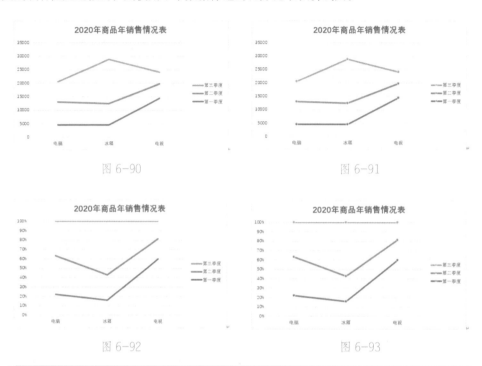

图 6-90

图 6-91

图 6-92

图 6-93

> 提示：为了更好地显示这种类型的数据，请考虑改用百分比堆积面积图。

（4）三维折线图（图 6-94）。

三维折线图将每一行或列的数据显示为三维标记。三维折线图具有可修改的横坐标轴、纵坐标轴和竖坐标轴。

4. 饼图

仅排列在工作表的一列或一行中的数据可以绘制到饼图中。饼图显示组成数据系列的项目在项目总和中所占的比例，通常只显示一个数据系列中各项的大小与各项总和的比例。饼图中的数据点显示为整个饼图的百分比。

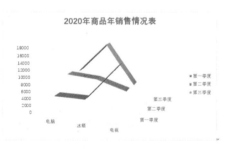

图 6-94

> 提示：所谓数据系列，是指在图表中绘制的相关数据点，这些数据源自数据表的行或列。图表中的每个数据系列具有唯一的颜色或图案并且在图表的图例中表示。可以在图表中绘制一个或多个数据系列。饼图只有一个数据系列。

如下情况适合使用饼图：

· 仅有一个要绘制的数据系列。

· 要绘制的数值没有负值。

· 要绘制的数值几乎没有零值。

· 不超过七个类别。

· 各类别分别代表整个饼图的一部分。

饼图包括如下子图表类型。

（1）饼图（图6-95）和三维饼图（图6-96）。

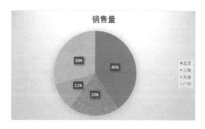

图 6-95

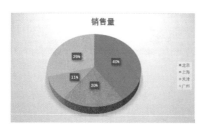

图 6-96

饼图采用二维或三维格式显示各个值相对于总数值的分布情况。可以手动拉出饼图的扇区，以强调特定扇区。

（2）子母饼图（图6-97）和复合条饼图（图6-98）。

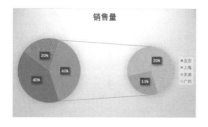

图 6-97

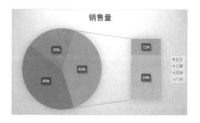

图 6-98

子母饼图或复合条饼图显示了从主饼图提取用户定义的数值并组合进次饼图或堆积条形图的饼图。如果要使主饼图中的小扇区更易于辨别，那么可使用此类图表。

（3）圆环图（图6-99）。

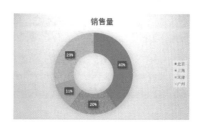

图 6-99

仅排列在工作表的列或行中的数据可以绘制到圆环图中。像其他饼图一样，圆环图显示各个部分与整体之间的关系，但是它可以包含多个数据系列。

5. XY 散点图

XY 散点图主要用来比较在不均匀时间或测量间隔上的数据变化趋势。如果间隔均匀，应该使用折线图。

XY 散点图包括如下子图表类型。

（1）散点图（图6-100）。

图 6-100

（2）带平滑线和数据标记的散点图（图6-101）。

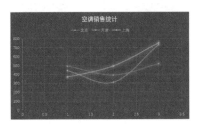

图6-101

（3）带平滑线的散点图（图6-102）。

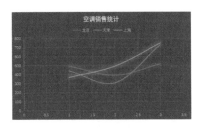

图6-102

（4）带直线和数据标记的散点图（图6-103）。

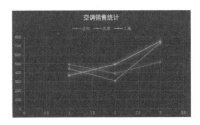

图6-103

（5）带直线的散点图（图6-104）。

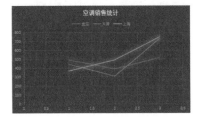

图6-104

（6）气泡图（图6-105）。

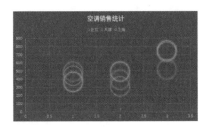

图6-105

气泡图的数据标记的大小反映了第三个变量的大小。气泡图的数据应包括三行或三列，将 X 值放在一行或一列中，并在相邻的行或列中输入对应的 Y 值，第三行或列数据就表示气泡大小。

例如，可以按图6-106所示显示数据。

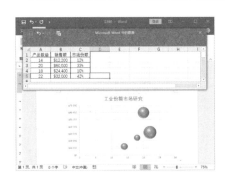

图6-106

（7）三维气泡图（图6-107）。

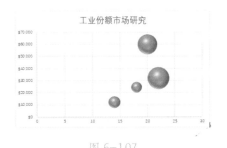

图6-107

6. 面积图

面积图用于显示不同数据系列之间的对比关系，同时也显示各数据系列与整体的比例关系，尤其强调随时间的变化幅度。

面积图包括如下子图表类型：

（1）面积图（图6-108）和堆积面积图（图6-109）。

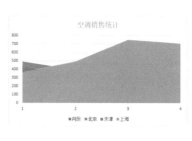

图 6-108

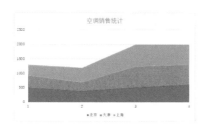

图 6-109

（2）百分比堆积面积图（图6-110）和三维面积图（图6-111）。

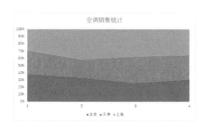

图 6-110

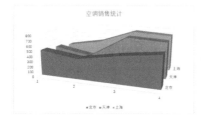

图 6-111

（3）三维堆积面积图（图6-112）和三维百分比堆积面积图（图6-113）。

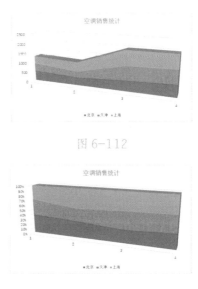

图 6-112

图 6-113

7. 雷达图

排列在工作表的列或行中的数据可以绘制到雷达图中。雷达图比较几个数据系列的聚合值，显示数值相对于中心点的变化情况，它包括如下子图表类型：

（1）雷达图和带数据标记的雷达图。雷达图显示各值相对于中心点的变化，其中可能显示各个数据点的标记，也可能不显示这些标记。

（2）填充雷达图。在填充雷达图中，由一个数据系列覆盖的区域用一种颜色来填充。

8. 曲面图和股价图

（1）曲面图。曲面图在连续曲面上跨两维显示数据的变化趋势，它包括如下子图表类型：

· 三维曲面图

· 三维线框曲面图

· 曲面图

· 曲面图（俯视框架图）

（2）股价图。股价图通常用于显示股票价格及其变化的情况，但也可以用于科学数据（如表示温度的变化）。它包括如下子图表类型：

· 盘高—盘低—收盘图

· 开盘—盘高—盘低—收盘图

· 成交量—盘高—盘低—收盘图

· 成交量—开盘—盘高—盘低—收盘图

6.5.3 认清坐标轴的 4 种类型

在一般情况下，图表有两个坐标轴：X 轴（刻度类型为时间轴、分类轴或数值轴）和 Y 轴（刻度类型为数值轴）。

三维图表有第 3 个轴：Z 轴（刻度类型为系列轴）。

饼图或圆环图没有坐标轴。

雷达图只有数值轴，没有分类轴。

1. 时间轴

时间具有连续性的特点。在图表中应用时间轴时，若数据系列的数据点在时间上为不连续的，则会在图表中形成空白的数据点。要清除空白的数据点，必须将时间轴改为分类轴。

2. 分类轴

分类轴显示数据系列中每个数据点对应的分类标签。

若分类轴引用的单元格区域包含多行（或多列）文本，则可能显示多级分类标签。

3. 数值轴

除了饼图和圆环图外，每幅图表至少有一个数值轴。

若数据系列引用的单元格包含文本格式，则在图表中绘制为 0 值的数据点。

4. 系列轴

三维图表的系列轴仅是显示不同的数据系列的名称，不能表示数值。

6.5.4 创建图表

操作方法：

（1）选择【插入】菜单选项卡的【插图】中的【图表】命令，打开【插入图标】对话框，如图 6-114 所示。

（2）选择一种图表类型，比如【柱形图】选项卡中的【簇状柱形图】选项，然后单击【确定】按钮。此时出现如图 6-115 所示画面。

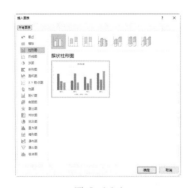

图 6-114

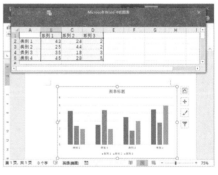

图 6-115

（3）在【Microsoft Word 中的图表】窗口中，在对应的行和列中输入数据，并把多余的行删除，如图 6-116 所示。

（4）单击【Microsoft Word 中的图表】窗口右上角的关闭✕按钮，将该窗口关闭，在 Word 中插入的图表如图 6-117 所示。

图 6-116　　　　　　　　　　　　　图 6-117

6.5.5　添加趋势线

操作方法：

（1）选择一个图表。

（2）选择【设计】|【添加图表元素】。

（3）选择【趋势线】，然后选择所需趋势线类型，如【线性】、【线性预测】或【移动平均】，如图 6-118 所示。

图 6-118

6.5.6　选中图表的某个部分

在介绍如何修改图表之前，先介绍一下如何正确地选中要修改的部分。前面已经介绍过，只要单击就可以选中图表中的各部分，但是有些部分很难准确地选中。

操作方法：

（1）单击激活图表，在图表右侧会出现四个工具按钮，从上到下分别是【布局选项】、【图表元素】、【图表样式】和【图表筛选器】，如图 6-119 所示。

（2）单击【图表筛选器】工具按钮▽，打开如图 6-120 所示浮动面板。

（3）单击右下角的【选择数据…】超链接，打开【选择数据源】对话框，在【图例项（系列）】的列表框中，可以看到该图表中的各个组成部分，如图 6-121 所示，从中选择图表需要的部分即可。

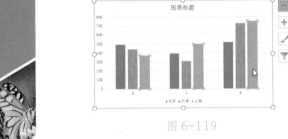

图 6-119   图 6-120

（4）选择列表框中的前两项：北京、天津，然后单击【确定】按钮，筛选后的图表就变成了如图 6-122 所示的效果。

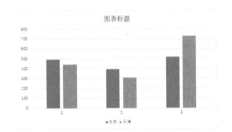

图 6-121   图 6-122

6.5.7　改变图表类型

由于图表类型不同，坐标轴、网格线等设置不尽相同，所以在转换图表类型时，有些设置会丢失。改变图表类型的快捷方法是，单击【设计】菜单选项卡中的【类型】段落中的【更改图表类型】按钮 ，在弹出的【更改图表类型】对话框中选择所需图表类型即可。

也可以使用下面的方法改变图表类型：

（1）使用鼠标右键单击图表空白处，然后在弹出菜单中选择【更改图表类型】命令，如图 6-123 所示。

图 6-123

（2）在打开的【更改图表类型】对话框中选择一种图表，然后单击【确定】按钮，如图 6-124 所示。

如图 6-125 所示为更改图表三维类型后的一个效果图。

> 提示：在图表上的任意的位置单击，都可以激活图表。要想改变图表大小，在图表绘图区的边框上单击鼠标左键，就会显示出控制点，将鼠标指针移到控制点附近，鼠标指针变成双箭头形状，这时按下鼠标左键并拖动就可以改变图表的大小。在拖动过程中，有虚线指示此时释放鼠标左键时图表的轮廓，要移动图表的位置，只需在图表范围内，在任意空白位置按下鼠标左键并拖动，就可以移动图表，在鼠标拖动过程中，有虚线指示此时释放鼠标左键时图表的轮廓。

图 6-124

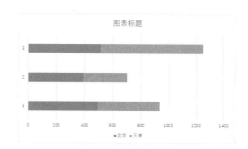
图 6-125

6.5.8 移动或者删除图表的组成元素

图表生成后，可以对其进行编辑，如制作图表标题、向图表中添加文本、设置图表选项、删除数据系列、移动和复制图表等。

要想移动或者删除图表中的元素，和移动或改变图表大小的方法相似，用鼠标左键单击要移动的元素，该元素就会出现控制点，拖动控制点就可以改变大小或者移动，如图6-126 所示。

如果按下键盘上的 Del 键就可以删除选中的元素，删除其中一组元素后，图表将显示余下的元素。

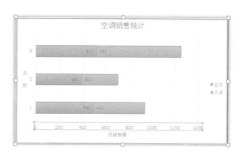
图 6-126

6.5.9 在图表中添加自选图形或文本

用户可向图表中添加自选图形，再在自选图形中添加文本 (但线条、连接符和任意多边形除外)，以使图表更加具有效果性。

操作方法：

（1）选择【插入】菜单选项卡，单击【插图】段落中的【形状】按钮，在打开的形状浮动面板中选择相应的工具按钮，如图 6-127 所示。

（2）为图表添加各种文字后，使该图表更有说明效果，如图 6-128 所示。然后调整插入形状的大小和位置，并设置文字的格式。然后将图表文档保存为"北京天津空调销售统计 .docx"。

> 注意：这里只是举例说明添加自选图形或文本的方法，其实图表的标题是可以在设置图表选项时添加的。

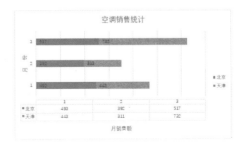

图 6-127 图 6-128

6.5.10 应用内置的图表样式

用户创建好图表后，为了使图表更加美观，用户可以设置图表的样式。通常情况下，最方便快速的方法就是应用 Word 为提供的内置样式。

操作方法：

（1）打开"北京天津空调销售统计 .docx"，单击图表空白处将其激活，如图 6-129 所示。可以更改图表的样式。

（2）选择【设计】菜单选项卡，在【图表样式】段落中单击【其他】按钮，如图 6-130 所示。

图 6-129

图 6-130

（3）在展开的【图表样式】面板中，单击选择一种样式进行应用即可，如图 6-131 所示。

图 6-131

（4）选择【样式 5】，图表变成了如图 6-132 所示的效果。

（5）使用 Ctrl+S 快捷键保存文档。

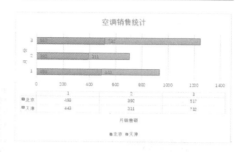

图 6-132

6.5.11　修改图表绘图区域

图表绘图区的背景色默认情况下是白色的，如果用户对这种颜色不满意，可以通过拖动设置来修改绘图区的背景色。用户可以为绘图区的背景添加上纯色、渐变填充、图片填充和图案填充等背景。

图 6-132 为"北京天津空调销售统计 .docx"文档中的图表，接下来讲解一下如何修改其图表绘图区域的方法。

操作方法：

使用鼠标右键单击图表空白处，在弹出菜单中选择【设置图表区域格式】命令，打开【设置图表区格式】任务窗格，该窗格的【图表选项】标签下有【填充与线条】、【效果】两个选项图标按钮，如图 6-133 所示。

图 6-133

1. 设置图表绘图区填充

在【填充与线条】选项卡中，在这里可以设置绘图区的填充与边框。

操作方法：

（1）在【边框】选项组，可以设置框线的样式、颜色、宽度、透明度等，如图 6-134 所示。

（2）在【填充】选项组，可以设置绘图区域为【纯色填充】、【渐变填充】、【图片或纹理填充】、【图案填充】等，还可以指定填充的颜色，如图 6-135 所示。

图 6-134

图 6-135

· 纯色填充。选中【纯色填充】单选按钮，然后单击【填充颜色】按钮 🖎 ▾，在打开的颜色面板中为填充指定一种颜色，如图 6-136 所示。图 6-137 为使用黑色填充的图表效果。

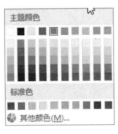
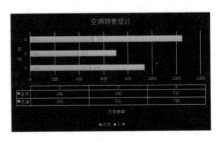

图 6-136　　　　　　　　　　　图 6-137

· 渐变填充。选中【渐变填充】单选按钮，【填充】分组变成如图 6-138 所示的样子，此时可以设置渐变填充的各种参数。图 6-139 为其中的一种填充效果。

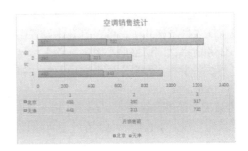

图 6-138　　　　　　　　　　　图 6-139

（3）单击选中每一个渐变光圈点，为其设置不同的渐变色，如图 6-140 所示。

图 6-140

· 图片或纹理填充。选中【图片或纹理填充】单选按钮，【填充】分组变成如图 6-141 所示的样子。在【图片源】项下单击选择【插入】或【剪贴板】按钮，可以为绘图区域设置图片填充；在【纹理】项右侧单击【纹理】▦ ▾，可以为绘图区设置纹理填充，如图 6-142 为纹理填充的一种图表效果。

· 图案填充。选中【图案填充】单选按钮，【填充】分组变成如图 6-143 所示的样子。如图 6-144 所示为使用【图案填充】填充图表后的效果。

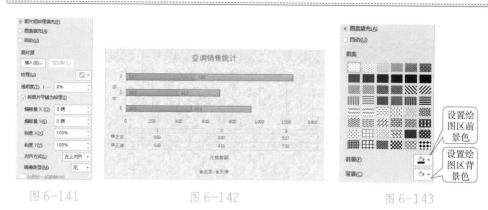

图 6-141　　　　　　图 6-142　　　　　　图 6-143

设置绘图区前景色

设置绘图区背景色

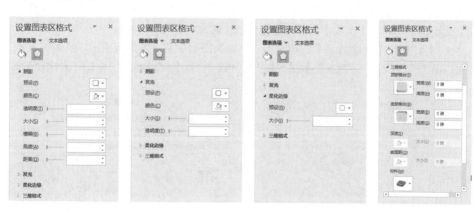

图 6-144

2. 设置绘图区效果

在【效果】选项卡中，可以为绘图区指定阴影、发光、柔化边缘、三维格式等效果，如图 6-145 所示。

图 6-145

图 6-146 为指定的三维效果图。

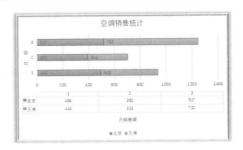

图 6-146

3. 设置图表区中的文本填充和轮廓

操作方法:

单击任务窗格中的【文本选项】,切换到【文本选项】标签中,如图 6-147 所示。

图 6-147

（1）在【文本填充】项下可以选择设置【无填充】、【纯色填充】和【渐变填充】,具体操作方法与前面设置图表绘图区填充的方法类似；在【文本轮廓】项下可以选择设置【无线条】轮廓、【实线】轮廓或【渐变线】轮廓。

（2）切换到【文字效果】选项卡中,可以为图表中的文本设置阴影、映像、发光、柔化边缘、三维格式、三维旋转效果,如图 6-148 所示。图 6-149 为其中的一种文字效果。

图 6-148

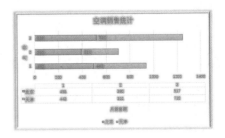

图 6-149

（3）切换到【文本框】选项卡中,可以为图表中选定的文本框中的文本设置垂直对齐方式、文字方向、自定义旋转角度等属性,如图 6-150 所示。注意这里的操作只能针对图表中某一个文本框进行,单独选择图表中的文本框才能有效。比如选中【垂直（值）

轴】的文本框【月份】，然后设置【垂直对齐方式】为【居中】、【文字方向】为【竖排】，图表效果如图 6-151 所示。

图 6-150

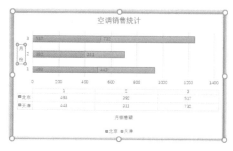

图 6-151

6.5.12　调整图例位置

图例是辨别图表中数据的依据，使用图例可以更有效地查看图表中的数据，这对于数据比较复杂的图表有重要的作用。如果要调整图表中的图例位置，可以按照下面的方法进行。

操作方法：

（1）单击图表空白处，在图表右上角就会出现四个工具按钮，单击其中的【图表元素】按钮，出现一个【图表元素】面板，单击【图例】选项，然后单击其右侧的向右箭头，在子菜单中单击选择【更多选项…】，如图 6-152 所示。

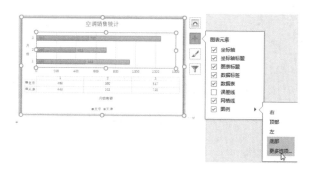

图 6-152

（2）打开【设置图例格式】任务窗格，如图 6-153 所示设置图例位置的选项卡。

（3）在【图例位置】分组下设置调整图例的显示位置。如选择【靠右】，则图表的效果如图 6-154 所示。

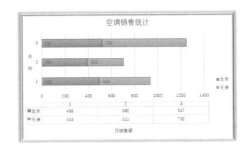

图 6-153

图 6-154

6.5.13 显示数据标签

在图表中还可以在相应的位置显示具体的数值，这样可以更直观地比较图表。

操作方法：

（1）单击图表空白处，在图表右上角就会出现四个工具按钮，单击其中的【图表元素】按钮➕，出现一个【图表元素】面板，单击选择【数据标签】选项，然后单击其右侧的向右箭头▶，在子菜单中单击选择【更多选项…】，此时打开了【设置数据标签格式】任务窗格。

（2）单击【标签选项】图标▮▮，切换到【标签选项】选项卡，如图 6-155 所示。

（3）在【标签包括】分组下选择要显示的标签内容，在【标签位置】分组下可以选择标签的显示位置：居中、数据标签内、轴内侧，这里选择【数据标签内】选项。图表效果如图 6-156 所示。

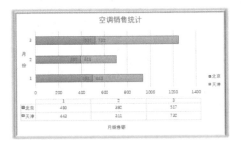

图 6-155

图 6-156

（4）单击【填充与线条】图标◇、【效果】图标◯、【布局属性】图标▦、【标签选项】图标▮▮，分别设置数据标签的【填充与线条】、【效果】、【布局属性】、【标签选项】等参数。

6.5.14 在图表中显示数据表

Excel 图表下方经常有显示与数据源一样的数据表，用来代替图例、坐标轴标签和数据系列标签等。在 Excel 中又称为"模拟运算表"。这个表是怎么形成的呢？

操作方法：

（1）打开"空调销售统计 1.docx"，在图表中单击图表绘图区空白处，在图表右上角就会出现四个工具按钮，如图 6-157 所示。

（2）单击其中的【图表元素】按钮 ，出现一个【图表元素】面板，单击选择【数据表】选项，图表就会在下方显示和数据源一样的数据表，如图 6-158 所示。

图 6-157　　　　　　　　　　　　　　图 6-158

6.5.15 增加和删除数据

如果要增加和删除数据工作表中的数据，并且希望在已制作好的图表中描绘出所增加或删除的数据，可以按照下面的方法进行操作。

1. 删除数据

操作方法：

（1）单击工作表中要更改的数据图表，此时要增加或删除的数据即可呈选中状态，如图 6-159 所示。

单击选中要删除的数据

图 6-159

（2）使用鼠标右键单击之，在弹出菜单中选择【删除】命令，选中的数据就被删除了，如图6-160所示。

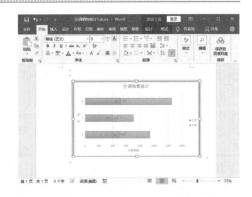

2. 添加数据

介绍如图为数据表添加新的数据。

操作方法：

（1）打开"空调销售统计1.docx"，单击图表空白处选中图表，如图6-161所示。

（2）选择【设计】菜单选项卡，单击【图表布局】段落中的【添加图表元素】按钮，打开如图6-162所示菜单。

图 6-160

图 6-161

图 6-162

（3）依次选择【误差线】|【百分比】命令，如图6-163所示。

（4）图表变成了如图6-164所示的样子。

图 6-163

图 6-164

第 7 章

创建与编辑表格

7.1 创建表格

在使用表格前，先要建立表格。下面介绍几种创建表格的方法。

7.1.1 使用【插入表格】对话框快速创建表格

操作方法：

（1）将光标定位在文档中要插入表格的位置，然后单击选择【插入】菜单选项的【表格】按钮，在弹出菜单中单击【插入表格】选项命令，打开【插入表格】对话框。如图 7-1 所示。

（2）在【列数】和【行数】输入框中输入表格的行和列的数量，行数可以创建无数行，但列数的数量介于 1~63 之间。

（3）单击【确定】按钮，就可以按照填写的数量来创建简单的表格了。

> **提示：** 行数可以创建无数行，但列数的数量介于 1~63 之间，若选中【为新表格记忆此尺寸】复选框，则下次打开该对话框时的设置与此次设置相同。

7.1.2 使用 10×8 插入表格创建表格

使用 10×8 插入表格工具可以创建行数为 1~10、列数为 1~8 的表格。

操作方法：

（1）将光标定位在文档中要插入表格的空行位置，单击选择【插入】菜单选项，单击【表格】选项面板中的【表格】按钮，出现如图 7-2 所示菜单。

（2）将光标放置到图中的表格区域，拖动光标，直到达到想要的行数和列数位置为止，拖动过的区域显示为橙色，在这里插入一个 7×6 的表格，就将鼠标拖动到 7 行和 6 列相交的表格内，如图 7-3 所示。

图 7-1

图 7-2

图 7-3

此时就在文档中插入了一个如图 7-4 所示的 7×6 空表格。

图 7-4

7.1.3　将已有的文本转换成表格

将表格文字转换为纯文本与将已有的文本转换成表格是一个相反的过程。如果有一段文本，并且文本中已经使用制表符（或空格、逗号）来划分列，以段落标记（回车）来划分行，分别以制表符和逗号来划分列。此时可以将其转换成表格。

操作方法：

（1）选定要转换的文本，如图 7-5 所示。

（2）选择【插入】菜单选项，单击【表格】选项面板中的【表格】按钮▦，在出现的菜单中选择【将文本转换成表格】命令，打开【将文字转换成表格】对话框，如图 7-6 所示。

（3）在【"自动调整"操作】下面，选中【根据内容调整表格】单选项，在【文字分隔位置】选项组下，选择所需选项，如【制表符】和【逗号】。这些符号是要相对应的。在这里选择以空格来划分列，如图 7-7 所示。

图 7-5

图 7-6　　　　　　　　　图 7-7

（4）单击【确定】按钮，即可生成一个含有文本的 4×3 表格，如图 7-8 所示。

（5）使用光标调整最后一列的宽度，并将 2~4 行中的文本字号设置为小五号，首行文本设置为居中对齐、颜色填充为橙色，并在【项目】和【数量】中间插入一个空格。将光标放置于表格内，直到左上角出现带框十字⊞，然后将光标放置于十字光标上并按住鼠标左键不放进行拖动，使表格位于文档正中位置为止，效果如图 7-9 所示。

项目	规格（公分）	数量
节能灯	600*600	68 个
板材	100*80	60 张
电热水壶	30*13	11 个

图 7-8

项　目	规格（公分）	数　量
节能灯	600*600	68 个
板材	100*80	60 张
电热水壶	30*13	11 个

图 7-9

最后将文档保存为"物品采购清单 .docx"。

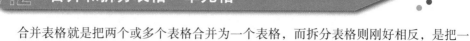

7.2 合并和拆分表格、单元格

合并表格就是把两个或多个表格合并为一个表格，而拆分表格则刚好相反，是把一个表格拆分为两个或两个以上的表格。下面介绍几种常用合并和拆分表格、单元格的方法。

7.2.1 合并和拆分表格

操作方法：

（1）打开"物品采购清单1.docx"，如要合并上下两个表格，只要删除上下两个表格之间的内容或回车符就可以了。

（2）如要将一个表格拆分为上、下两部分的表格，先将光标置于要拆分成的第二个表格首行前端位置，当光标变为 ↗ 形状时，按Ctrl+Shift+Enter快捷键，就可以拆分单元格了，如图7-10所示。

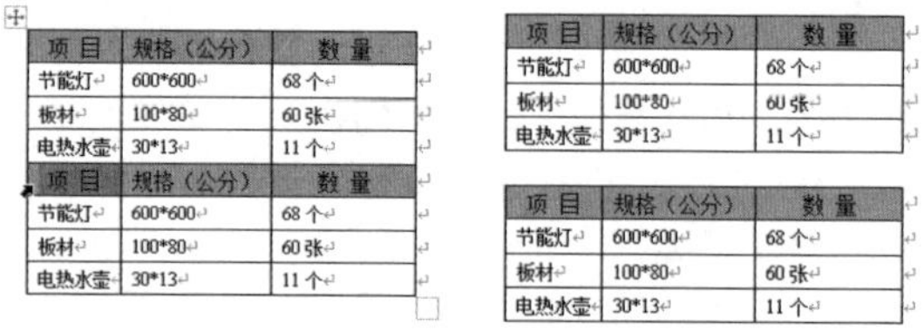

项 目	规格（公分）	数 量
节能灯	600*600	68个
板材	100*80	60张
电热水壶	30*13	11个
项 目	规格（公分）	数 量
节能灯	600*600	68个
板材	100*80	60张
电热水壶	30*13	11个

拆分前

项 目	规格（公分）	数 量
节能灯	600*600	68个
板材	100*80	60张
电热水壶	30*13	11个
项 目	规格（公分）	数 量
节能灯	600*600	68个
板材	100*80	60张
电热水壶	30*13	11个

拆分后

图 7-10

7.2.2 合并和拆分单元格

首先新建一个9×7表格，如图7-11所示。然后继续下面的操作。

操作方法：

（1）合并首行中的第一和第二个单元格，将其选中，然后单击鼠标右键，在弹出菜单中选择【合并单元格】命令，如图7-12所示。效果如图7-13所示。

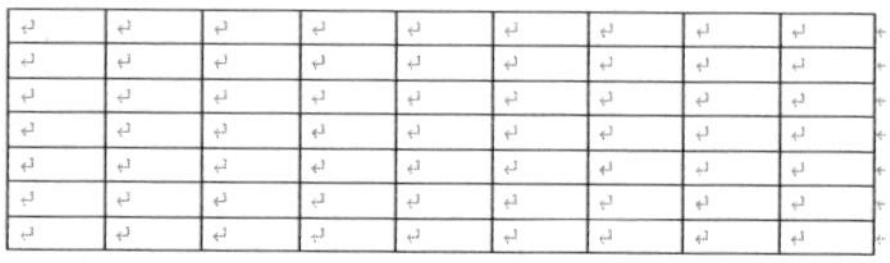

图 7-11

图 7-12

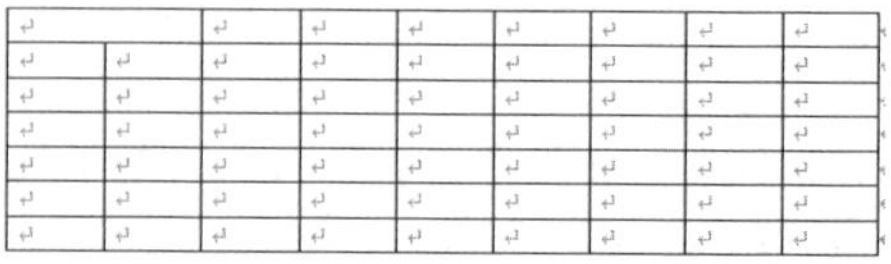

图 7-13

（2）拆分单元格。比如选中第二行中的第一个单元格，然后单击鼠标右键，在弹出菜单中选择【拆分单元格】命令，打开如图7-14所示的【拆分单元格】对话框，设置要拆分的行与列数。在这里设置列数为3、行数为2，然后单击【确定】按钮。拆分后的表格如图7-15所示。

图7-14

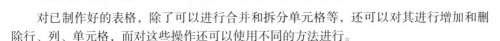

图7-15

技巧：选中单个单元格的方法是，首先将光标放置于该单元格内，然后按住 Shift 键不放，再按一下键盘上的右方向键即可。

7.3　增加、删除单元格

对已制作好的表格，除了可以进行合并和拆分单元格等，还可以对其进行增加和删除行、列、单元格，而对这些操作还可以使用不同的方法进行。

7.3.1　使用键盘编辑表格

如果用户想快速编辑表格，那么使用键盘操作表格就相当重要了。下面介绍几种用键盘编辑表格的技巧。

·如果要在表格的后面增加一行，对结尾行来说，首先将光标移到表格最后一个单元格，然后按下 Tab 键。

·如果要在位于文档开始的表格前增加一行文本，可以将光标移到第一行的第一个单元格，然后按 Enter 或按 Ctrl+Shift+Enter 键。

·如要删除表格的行或列，可以选择要删除的行或列，然后按 Ctrl+X 键，如果用 Del 键删除则只能删除单元格内的内容。如果按键盘上的退格键 Backspace 来删除所选行或列，那么会弹出如图 7-16 所示【删除单元格】对话框，在里面选择相应选项即可。

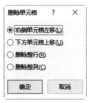

图7-16

7.3.2　用右键菜单命令插入单元格

用右键菜单命令在表格中增加行或列的操作方法是：

（1）将光标置于要添加或删除行列的左右单元格内。

（2）单击鼠标右键，在弹出菜单中选择【插入】选项，打开如图 7-17 所示子菜单，执行下述操作之一：

·如选择【在右侧插入列】，则会在光标所在单元格的右侧插入一列单元格，如选择【在左侧插入列】，则会在光标所在单元格的左侧插入一列单元格。

·如果在子菜单中选择【在上方插入行】或【在下方插入行】命令，则在光标所在的单元格上方或下方插入一行单元格。

·如选择【插入单元格】，则可以打开如图 7-18 所示的【插入单元格】对话框。然后在该对话框中，选择插入相应的单元格方式。

图 7-17

图 7-18

同样，要删除表格中的行或列，也可以选择菜单【表格】中的【删除】命令进行。

> **技巧：** 对结尾列来说，要在表格的最后一列右边增加一列，可单击最右列的外侧，然后在右键菜单中依次选择【插入】|【在右侧插入列】。而对结尾行来说，可以把光标定位在最后行的最右侧，然后按 Enter 键。

7.4 设置表格列宽和行高

用户可以根据需要，设置表格的列宽与行高等。

7.4.1 用鼠标改变列宽与行高

用户可以用鼠标拖动某一列的左、右边框线来改变列宽。

操作方法：

（1）将光标移到要调整列宽的表格边框线上，使光标变成 ◆‖◆ 形状。

（2）按住鼠标左键，出现一条垂直的虚线表示改变单元格的大小，如图 7-19 所示，再按住鼠标左键向左或向右拖动，即可改变表格列宽。使用类似的方法，可以设置单元格的行高。

型号	接口	二级缓存 KB	实际主频 MHz	倍频	电压 V	制造工艺 μm
Athlon64 FX-55	Socket 939	1024	2600	12	1.52	0.13
Athlon64 FX-53	Socket 939	1024	2400	12	1.55	0.13
Athlon64 FX-53	Socket 940	1024	2400	12	1.55	0.13
Athlon64 FX-51	Socket 940	1024	2200	11	1.55	0.13
Athlon64 4000+	Socket 939	1024	2400	12	1.5	0.13
Athlon64 3800+	Socket 939	512	2400	12	1.55	0.13

图 7-19

> **说明：** 要注意的是不能直接拖动表格最上面的横线。如果将光标放置于表格最上面的横线上，光标将变为向下的粗箭头 ⬇，此时单击鼠标左键，就可以将对应的列选中。

7.4.2 用【表格属性】命令设置列宽与行高

如果用鼠标右键菜单中的【表格属性】命令来设置表格的列宽，可以设置精确的列宽。操作方法：

（1）打开前面创建的"物品采购清单.docx"。选定需调整宽度的一列或多列，如果只有一列，只需把插入点置于该列中。在这里选择第一列。

（2）单击鼠标右键，在弹出菜单中选择【表格属性】命令，打开【表格属性】对话框，选择【列】选项卡，如图 7-20 所示。

（3）选中【指定宽度】复选框，在后面的文本框中键入指定的列宽"3 厘米"，在【度量单位】中选定单位【厘米】，如要设置其他列的宽度，可以单击【前一列】或【后一列】按钮。最后单击【确定】按钮完成。

（4）同样，选中第一行，在【表格属性对话框中】切换到【行】选项卡，然后选中【指定高度】复选框，在后面的文本框中键入指定的行高，可以精确设置表格行高，如图 7-21 所示。单击【上一行】或【下一行】按钮，继续设置其他行的高度和其他列的宽度。

图 7-20

图 7-21

（5）选中首行，在【表格属性】对话框中切换到【单元格】选项卡，在【垂直对齐方式】下选择【居中】，然后单击【确定】按钮，如图 7-22 所示。表格效果如图 7-23 所示。

图 7-22

项 目	规格（公分）	数 量
节能灯	600*600	68 个
板材	100*80	60 张
电热水壶	30*13	11 个

图 7-23

提示：如要使多行或多个单元格具有相同的高度，可以先选定这些行或这些单元格，然后选择鼠标右键菜单中的【平均分布各行】命令即可。对于多行，则选择【平均分布各列】即可。

7.5 设置表格中的文字方向

Word 表格的每个单元格，都可以单独设置文字的方向，这大大丰富了表格的表现力。
操作方法：

（1）选中要设置文字方向的表格或表格中的任一单元格。

（2）单击鼠标右键菜单中的【文字方向】命令，打开【义字方向 – 表格单元格】对话框。选择一种文字方向后，可以在【预览】窗口中，看到所选方向的式样，如图 7-24 所示。

（3）单击【确定】按钮，就可以将选中的方向应用于单元格的文字，如选择其中一种文字方向的效果如图 7-25 所示。

图 7-24

项 目	规格（公分）	数 量
护栏网	600*600	68 个
帘幕	100*80	60 张
围栏长椅	30*13	11 个

图 7-25

7.6 单元格中文字的对齐方式

在 Word 中，利用【开始】菜单选项下的【段落】选项面板中的对齐工具按钮虽然可以设置水平方向的对齐方式，但不能设置垂直方向的对齐方式。而在单元格内输入内容，既需要考虑水平的对齐方式，也要考虑垂直的对齐方式。因此，使用单元格的文字垂直居中就可以解决这个问题。

操作方法：

（1）选中表格中要垂直居中的文本或图片所在单元格。

（2）在【表格属性】对话框的【单元格】选项卡的【垂直对齐方式】选项栏中，可设置【上】、【居中】、【底端对齐】三种垂直对齐方式，如图 7-26 所示。

（3）在【表格】选项卡的【对齐方式】选项栏里，可设置【左对齐】、【居中】、【右对齐】这三种水平对齐方式，如图 7-27 所示。

图 7-26

图 7-27

7.7 指定文字到表格线的距离

在表格中输入文字之后，默认情况下，文字是与表格线有一定的距离的，这个距离也可以由用户来指定，并且在指定时，可以指定整个表格，也可以单独指定任意单元格中文字至表格线的距离。指定文字到表格线的距离是很具有实际应用意义的，比如用户在页眉上使用表格，在表格内键入文字并填充颜色。如果表格的【默认单元格边框】左、右都按默认设置为 0.19 厘米，那么让表格要加宽 0.19 厘米可以放下刚好宽度的文字。

操作方法：

（1）将光标置于表格的任意单元格中，然后在鼠标右键菜单中选择【表格属性】命令。

（2）打开【表格属性】对话框，切换到【表格】选项卡。

（3）单击【选项…】按钮，打开【表格选项】对话框，如图 7-28 所示。

（4）在【默认单元格边距】区域中，可以设置整张表格中的每一个单元格中文字至表格线的距离。

（5）如果要单独调整某一个单元格的边框距离，可以切换到【单元格】选项卡，单击【选项】对话框。

（6）清除【与整张表格相同】复选框，然后在【上】、【下】、【左】、【右】微调框中，输入一个数值，如图 7-29 所示。

图 7-28

图 7-29

7.8 表格的表头跨页出现

有一个很多页的表格，可以让表头重复在每一页的最上面出现。

操作方法：

（1）选定要作为表格表头的一行或多行文字，选定内容必须包括表格的第 1 行。

（2）在鼠标右键菜单中选择【表格属性】命令打卡【表格属性】对话框，切换到【行】选项卡，选中【在各页顶端以标题行形式重复出现】复选框即可，如图 7-30 所示。

图 7-30

> **提示：** Word 允许表格行中文字的跨页拆分，这就可能导致表格内容被拆分到不同的页面上，影响了文档的阅读效果。因此可以使用下面的操作防止表格跨页断行：选定需要处理的表格，打开【表格属性】对话框，切换到【行】选项卡，取消【允许跨页断行】复选框，再单击【确定】按钮。

7.9 设置表格的边框与底纹

利用边框、底纹和图形填充功能可以增加表格的特定效果，以美化表格和页面，达到对文档不同部分的兴趣和注意程度。为表格或单元格边框的文本添加底纹的方法与设置段落的填充颜色或纹理填充方法是一样的。

很多用户都习惯用【边框和底纹】对话框来设置表格的边框与底纹，而且很多用户或许还不知道，在【开始】菜单选项中的【段落】选项面板的【边框】按钮，单击其右边的向下箭头▼，可打开下拉菜单选择相应的按钮来进行设置，这就比在【边框和底纹】对话框中设置要快得多。

操作方法：

（1）打开"南岸区城市广场营运管理费用 .docx"文档，如图 7-31 所示。

（2）选定要设置格式的表格。把光标移到表格的左上角，当表格左上角变成有  的标记时，单击即可选定整个表格。如果需要选定某一个单元格，可以将鼠标移到该单元格左边框外，当光标变成 ⬛ 时，单击可选择单独一个单元格。在这里选定表格首

南岸区城市广场营运管理费用

图 7-31

136

行，使用鼠标右键单击，在弹出的快捷菜单中单击【表格属性】，在打开的【表格属性】对话框的【表格】选项卡中单击【边框和底纹】按钮，打开【边框和底纹】对话框。

（3）在【边框】选项卡的【设置】区域中有 5 个选项，可以用来设置表格四周的边框(边框格式采用当前所选线条的【样式】、【颜色】和【宽度】设置)。它们是【无】、【方框】、【阴影】、【三维】和【自定义】这 5 个选项，如图 7-32 所示，可以根据需要选择。

（4）在【样式】列表框可以选择边框的样式；在【颜色】下拉列表框可以选择表格边框的线条颜色；在【宽度】下拉列表框，可以选择表格线的大小。

在这里选择【设置】下的【阴影】，【样式】和【颜色】设置如图 7-33 所示。

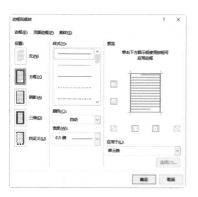

图 7-32

图 7-33

此时首行效果如图 7-34 所示。

（5）单击【预览】选项组的图示四周或使用按钮，可以设置表格边线的上、下、左、右框线是实线或虚线，或在选定的单元格中创建斜上框线或斜下框线，作用如图 7-35 所示。

南岸区城市广场营运管理费用

营运管理费用

图 7-34

（6）在【应用于】下拉列表框中设置确定要应用边框类型或底纹格式的范围。

同样，设置表格底纹的方法是：

（1）切换到如图 7-36 所示的【底纹】选项卡。

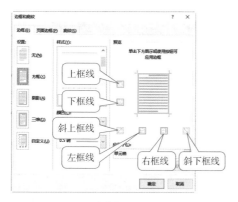

图 7-35

图 7-36

（2）在【填充】下边的颜色表中可以选择底纹填充色。

（3）在【图案】选项组中可以选择图案的【样式】和【颜色】选项，要在【应用于】下拉列表框中设置确定要应用边框类型或底纹格式的范围。

在这里设置填充色为【橙色 个性色 2】，图案的【样式】为【清除】，然后单击【确定】按钮。此时表格首行效果如图 7-37 所示。

南岸区城市广场营运管理费用

图 7-37

（4）观察一下打开的表格，发现结束行的下框线是虚线，将其填充为实线。选中结束线，单击【开始】菜单选项中的【段落】选项面板中的【边框】按钮 右侧的向下箭头，在打开的菜单中选择【下框线】。此时表格结束行的下框线就变成了实线，如图 7-38 所示。

（5）新的问题又出现了，线条的颜色和样式却与首行的框线一样了。打开【边框和底纹】对话框，重新设置，使其保持与上框线一致，结果如图 7-39 所示。

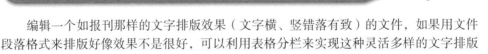

图 7-38   图 7-39

> **提示：** ①要快速地美化表格的设计，可以单击【表格】选项面板中的【表格】按钮，在打开的下拉菜单中选择【快速表格】命令来实现。如果选中某部分单元格，则选择的命令按钮只对某部分单元格有效，这样可以使任意表格中的单元格实现实线与虚线。②在【边框与底纹】对话框中的【预览】区域单击预览图示中央，可设置行内侧框线是实线或虚线。

7.10 利用表格分栏、竖排文字

编辑一个如报刊那样的文字排版效果（文字横、竖错落有致）的文件，如果用文件段落格式来排版好像效果不是很好，可以利用表格分栏来实现这种灵活多样的文字排版要求。

操作方法：

（1）把各栏（块）内容分别放入根据需要绘制的一个特大表格单元格中（如和报纸版面一样大的表格）。

（2）合理设置好各个栏（块）内的文字排版样式。

（3）设置好各个栏的边框（如无边框）等，这样就能得到如报纸上的排版效果了。

7.11 快速修改表格的样式

可以为表格添加一些效果使它显得更加丰富多彩。除了手工调整外，其实 Word还提供了许多早已定义好的表格样式。

操作方法：

（1）选择需要使用【自动套用格式】的表格或者将光标定位在其中任何一个单元格中。

（2）单击第二个【设计】菜单选项，在【表格样式】选项面板中单击【其他】按钮，如图7-40所示。在展开的面板中单击要应用的新样式即可，如图7-41所示。

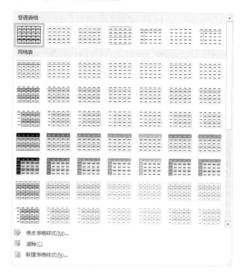

图 7-40　　　　　　　　　　　　图 7-41

7.12 快速插入 Excel 图片表格

Excel 表格插入 Word 的通常做法是将它复制到剪贴板，然后再粘贴到 Word 文档。这种做法存在一定的缺陷，例如，表格中的数据格式受 Word 的影响会发生变化，产生数据换行或单元格高度变化等问题。如果不再对表格内容进行修改，可以将 Excel 表格用图片格式插入 Word 文档。

操作方法：

（1）选中 Excel 工作表中的单元格区域，如图 7-42 所示。

（2）在 Excel 的【开始】菜单选项中的【剪贴板】选项面板中的【复制】按钮，在弹出的菜单中选择【复制为图片…】命令，在打开的对话框中选择【如打印效果】选项，如图 7-43 所示，然后单击【确定】按钮。

图 7-42　　　　　　　　　　　　图 7-43

（3）在 Word 文档中，单击要插入表格的地方，然后按 Ctrl+V 组合键，就将图片表格插入到当前光标位置了，如图 7-44 所示。

B	剂型	包装规格	E宠商城	狗民网商城	波奇网	天猫	手机淘宝	阿闻商城小程序	备注
山羊奶粉	粉末	450/罐	市场价¥168.60 E宠价：118.00 已售：73004罐	0	波奇价：¥99.5 指导价¥129.80 销量：60480			0	
升级配方 山羊奶粉	粉末	250/罐	市场价¥82.80 E宠价：69.00 已售：3908罐	0					
猫专用含赖 氨酸配方羊 奶粉	粉末	300/罐	市场价¥129.00 E宠价：108.00 已售：24罐	0	波奇价：¥79 指导价¥118.80 销量：261			0	

图 7-44

如果需要在图形处理程序中插入 Excel 表格，同样可以采用上述方法。

7.13 在表格中进行简单的计算

在使用 Word 表格时，除要对表格的数据进行求和计算外，还需要平均和四则运算等复杂计算，Word 都具有这些基本的计算功能。

使用表格的公式求和有两种方法，一种使用自动求和按钮 Σ，利用这个按钮，可以求得光标所在单元格行或列的总和。

下面介绍使用公式的第 2 种方法，也就是使用【布局】菜单选项下的【数据】选项面板中的【公式】按钮 f_x 的方法。

如要计算如图 7-45 左图所示的各个同学的平均分，其计算效果如图 7-45 右图所示。

姓名	政治	英语	数学	语文	物理	化学	合计
黄忠	80	75	76	88	67	95	
赵云	82	72	81	85	82	71	
张飞	87	82	89	70	85	79	
关羽	96	96	95	76	84	95	
魏延	60	80	80	74	86	90	
马超	80	70	70	70	70	60	

姓名	政治	英语	数学	语文	物理	化学	合计
黄忠	80	75	76	88	67	95	481
赵云	82	72	81	85	82	71	473
张飞	87	82	89	70	85	79	492
关羽	96	96	95	76	84	95	542
魏延	60	80	80	74	86	90	470
马超	80	70	70	70	70	60	420

图 7-45

操作方法：

（1）将光标定位到需用公式的单元格中。

（2）单击【布局】菜单选项，在【数据】选项面板中单击【公式】按钮 f_x，打开【公式】对话框，如图 7-46 所示。

·如果所选单元格位于数字列底部，Word 会建议使用【=SUM(ABOVE)】公式，对该单元格上面的各单元格求和。

·如果所选单元格位于数字行右边，Word 会建议使用【=SUM(LEFT)】公式，对该单元格左边的各单元格求和。

（3）在【数字格式】下拉列表框中，选择计算结果的

图 7-46

表示格式（例如，结果需要保留两位小数，则选择 0.00）。如果不保留小数，则选择 0 或 0%，在这里选择 0。

（4）单击【确定】按钮，即可在选定的单元格中得到计算的结果。

提示： 如果要计算平均值，则可以从【粘贴函数】下拉列表框中，选择 AVERAGE 函数。此外，Word 的计算公式也可用引用单元格的形式，如某单元格 = (A2 ＋ B2)×3 即表示第 1 列的第 2 行加第 2 列的第 2 行然后乘 3，表格中的列数可用 A、B、C、D 等表示，行数用 1、2、3、4 等来表示。利用函数可使公式更为简单，如 =SUM(A2:A80) 即表示求出从第 1 列第 2 行到第 1 列第 80 行之间的数值总和。

第 8 章

科技公式应用

本章导读

8.1 科技公式排版

8.1.1 科技公式排版的特点

在出版行业中，含有大量数学公式、化学结构式、各种科技符号、专业图形、表格及计算机程序代码一类内容的书刊出版物，我们称为科技书刊，并将这一类出版物的版式称为科技版。

科技书刊包括范围较广，种类繁多，涉及面广。与其他出版物相比，科技书刊的排版有其自身的特点，概括起来主要有下面的几点：

- 专业名词、术语多。
- 科技符号、缩写字多。
- 外文字多。
- 各种数学公式、化学公式多。
- 计算机程序多。
- 表格、插图、流程图多。

以上内容使排版难度加大，数学公式、化学结构式、各种图形是科技书刊排版的主要难点。同时大量的各类外文及科技符号也增加了排版的难度，这些符号往往专业性较强，外行人觉得冷僻陌生，输入也十分不便。

科技版结构复杂，专业性强，在许多情况下，编辑们也很难在原稿上进行更详细的版式批注说明，需要排版者具有一定的科学文化知识和科技排版经验，根据制作时的情况及排版软件的特点灵活处理，因此排版中技巧性很强，难度较大。操作者既要掌握排版软件的使用操作；又要能识别各式各样的符号和公式；还要了解科技版式的特点和规则，对排版者的业务素质有更高的要求。

科技排版的基本要求，可以概括为简明、准确、规范、美观。排版中一要严格按照原稿排，不得随意改动；二要考虑结构的规范化，符合专业出版要求；三要注意整个版面的美观、协调。

Word 具有较强的公式排版功能，灵活掌握能排出相当不错的科技出版物。

8.1.2 科技排版符号

1. 科技排版符号的正确识别

科技书刊内容丰富，包罗万象，各学科往往具有自己特有的各种符号，如数学、化学、物理、医学、水文、地质等，专业性也比较强。科技符号数量大、种类多，是科技书刊排版的一大特点。在排版工作中全部记住或全部搞清楚这些符号是不现实的，但通过查阅有关手册及资料，能够正确识别和处理各种字符和符号，则是对排版者的基本要求。这需要用户努力学习和在工作实践中逐步积累。

表 8-1 中列出了 Word 能够输入的部分科技符号及名称，供查阅。

表 8-1 常用科技符号

符号	名称	符号	名称	符号	名称
+	加、正号	○	圆周	Π	连乘积
−	减、负号	⊙	圆	∩	交
×，·	乘	△	三角形	∪	并
÷	除	◇	菱形	⊏	包含
/，—	分数号	□	正方形	⊑	包含于
±	加减	∶	比号	⊄	不包含
∓	减加	°	度	∈	从属于
∵	因为	′	分	∠	锐角
∴	所以	″	秒	⊥	垂直于
∷	比，对	!	阶乘号	∧	向量乘号
⌢	约	<	小于	∨	钝角
≈	近似	>	大于	℃	摄氏度
≅	近似值	≮	不小于	￥	元（人民币）
=	等于	≯	不太于	£	（英）磅
≠	不等于	≤	小于等于	$	（美）元
≡	恒等于	≥	大于等于	№	编号
‖ //	平行于	↑	气体	§	节符号
←—→	趋向于，趋近于	↓	沉淀物	@	电子邮件标识
∞	无穷大	→	反应	&	与，和
+	阳离子号	∫	积分号	®	注册商标
−	阴离子号	∮	环积分号	©	版权所有
%	百分号	∬	二重积分	‖‖	绝对值
‰	千分号	∭	三重积分	∃	存在
⌒	弧	∯	环二重积分	⇒	弱收敛于
mm	毫米	∰	环三重积分	⇔	等价
cm	厘米	Σ	求和，总和	≺	在前
dm	分米	⊗	重积	≻	跟随
▽	光洁度符号	⊕	直和	∀	一切的

表 8-2 法定计量单位及符号

符号	单位名称	量的名称
m	米	长度
kg	千克（公斤）	质量
A	安〔培〕	电流
K	开〔尔文〕	热力学温度
mol	摩〔尔〕	物质的量
cd	坎〔德拉〕	发光强度
rad	弧度	平面角
sr	球面度	立体角
Hz	赫〔兹〕	频率
N	牛〔顿〕	力，重力
Pa	帕〔斯卡〕	压力，压强；应力
J	焦〔耳〕	能量，功；热
W	瓦〔特〕	功率，辐射通量
C	库〔仑〕	电荷量
V	伏〔特〕	电位；电压；电动势
F	法〔拉〕	电容
Ω	欧〔姆〕	电阻
S	西〔门子〕	电导
Wb	韦〔伯〕	磁通量
T	特〔斯拉〕	磁通量密度
H	亨〔利〕	电感
℃	摄氏度	摄氏温度
lm	流〔明〕	光通量
lx	勒〔克斯〕	光照度
Bq	贝可〔勒尔〕	放射性活度
Gy	戈〔瑞〕	吸收剂量
Sv	希〔沃特〕	剂量当量
s	秒	时间
min	分	时间
h	〔小〕时	时间
d	天〔日〕	时间
°	度	平面角
′	〔角〕分	平面角
″	〔角〕秒	平面角
r/min	转 / 每分	旋转速度
n mile	海里	长度
kn	节	速度
t	吨	质量
u	原子质量单位	质量
L，(1)	升	体积
eV	电子伏	能
dB	分贝	级差
tex	特〔克斯〕	线密度

表8-3 常见数学公式缩写词

缩写词	名 词	缩写词	名 词
sin	正弦	vers	正矢
cos	余弦	covers	余矢
tan	正切	const	常数
cot	余切	mod	模数
sec 或（sc)	正割	Cn、dn、sn、cd	椭圆函数符号
csc 或（cosec)	余割	ind	指数
arcsin	反正弦	exp	指数函数
arccos	反余弦	mag	算术几何平均数
arctan	反正切	rot	旋度
arccot	反余切	grad	梯度、陡度
arcsec	反正割	div	散度
arccsc	反余割	mes	测度
sh 或（sinh)	双曲正弦	sign	符号函数
ch 或（cosh)	双曲余弦	det	行列式
th 或（tgh)	双曲正切	max	最大、极大
cth 或（coth)	双曲余切	min	最小、极小
sech 或（sch)	双曲正割	lim	极限
csch	双曲余割	sup	上确界
arc	反……	inf	下确界
log	对数	Im	虚部
lg	以10为底的对数	arg	幅角、轴角
ln	自然对数	vrai max	真实最大值

8.1.3 外文字母及符号的排法

1. 正体、斜体的使用规则

在科技书刊排版中，各种外文字母的正体、斜体、黑体及大小写的变化，有严格区别和规则，使用不当会引起内容含义上的错误，工作中应予以重视，不要搞错。表面看起来，外文字母的使用规范比较杂乱纷繁，难以掌握，但深入一步研究，就会发现里面有一定规律可循，许多内容在有关国家标准和国际标准中都有规定，也有一些是属于"约定俗成"。这里，我们列举一些科技图书中外文正斜体、大小写的一般规则。

（1）外文正体的使用

以下的符号用白正体，不使用斜体或黑体字母。

三角函数符号：sin，cos，tan，cot，

以及反三角函数符号 arcsin, arccos 等。

双曲函数符号： sh，ch，th，…以及反双曲函数符号 arsh，arch 等。

对数符号：log，lg，ln.

编写符号及特殊常数符号： max（最大），min（最小）， lim（极限），Im（虚部），e（自然对数的底），i（虚数，电工学中常用 j），π（圆周率）等。

公式中的运算符号特殊函数符号：$\sum$（连加），$\prod$（连乘），d（微分符），∂（偏微分符），Δ（有限增量）。

化学元素符号：化学符号全部用正体，单符号用大写；双符号表示时，第一个用大写，第二个用小写，如 Ca，Cu，Fe，Si，Au 等。

温度符号：℃（摄氏温度），℉（华氏温度），K（绝对温度）用大写。

法定计量单位：kg，m，cm，mm，m^3，mm^2 等一般用正体小写。取自人名的单位，则用大写，如 W（瓦特，功率单位），F（法拉第，电容单位）等。

用以表示日期、数量、序号的阿拉伯数字和罗马数字用白正体。

国名、组织名、机关名、人名、书名、地名等专有名的编写用大写白正体，如 P.R.C.（中华人民共和国），U.N.（联合国），DNA（脱氧核糖核酸），DTP（桌面排版系统）。

各种仪器设备、元件型号或代号用大写白正体，如 IBM-PC，UPS，CRT。

各种计算机程序语句，往往要求用等宽白正体。

参考文献中的外文书名，科技书刊中的外文索引用白正体。

（2）外文斜体的使用

以下的符号用斜体：

数学中用字母表示的数和函数，如 x，y，z，a，b，$F(t)$，原点 O，$\angle A$，$\triangle ABC$ 等，在数学公式中这种斜体字母

用得很多。

物理量符号如 P，V，T，v，μ，ω 等。公式中未特殊标明的符号。

目前有不少排版物在科技符号的使用上常常容易出问题，不能正确区别外文的正体、斜体、大小写的用法，正斜不分或乱用，例如一小瓶墨水容量为 60 毫升，正确标注应为 60ml。如果错误地标注为 60ML，那就变成了 6 千万升的容量！两者相差 10 亿倍。

2. 上下角标

在科技排版中，常会遇到符号的上、下角标处理。角标的形式有上角标、下角标。有时角标也分层，角标本身又带角标，如下面的实例 1。

【例1】

上角标：C^{n-2}　　　下角标：C_{n-2}

上上角标：C^{n^2}　　　下下角标：C_{n_2}

上下角标：C^{n_2}　　　下上角标：C_n^2

综合示例：$C^{(n-2)^2}_{(n-2)_2}$

公式排版时应当处理好上下角标的层次位置关系。

【例2】

$$v = \left[\frac{\sqrt{(1-at)^3}}{\left(1-\frac{a^2}{(1-t)}\right)^{\frac{1}{2}}} \right]^{e^2} m_0 \, c^2$$

角标的字号大小由软件自动给出，一般角标符号与正文符号之间字号上相差两级，如正文用五号字排，角标用七号字排出，角标不宜小于七号字。在电子排版中，如果对角标大小不满意时，也可以特别指定。Word 可自定义大小。

角标上下位置的处理一般都是由排版软件自动安排的，有时系统放置得不令人满意，或有特殊要求时，也可以人工调整。

3. 叠层符号

在公式排版中，$\sum$、$\prod$、lim 符号的上下，常要叠层放置一些符号，叠层符号排版时，一要注意上下位置的距离；二要

注意上下内容不要与其他符号交叉。放置的基本原则是左右居中对齐，上下距离均匀合适。下面是叠层符号排版实例：

【例3】

$$\int_{a-b}^{a+b} F(x)\ x^3 \mathrm{d}x$$

$$\int_{a-b}^{a+b} F(x)\ x^3 \mathrm{d}x$$

8.1.4 数学公式排版格式要点

为了排出规范、合理和美观的版面，不使人们在阅读中产生错误，数学公式的排版中，有一整套排法规范和格式，这是人们长期经验的积累总结，也是排版行业的"约定俗成"，下面我们进行一些介绍。

1. 公式沿主线排

文字的排列，无论字的大小，都是按文字的下边，也叫作"基线"整齐排列的。而在公式的排版中，则沿公式"主线"排，这是科技排版中的一个规则。

对于单行公式，主线往往就是中线；对于两层以上的公式，也叫作"叠排公式"，则有主辅线之分，主线指主体符号的中线，公式的等号、主分式线均应在主线上，且主线应长于辅线。

【例4】

$$Fy = \frac{\sqrt{\dfrac{1+a}{l}}}{a} \cdot \frac{1}{\sqrt{1+\left(\dfrac{a}{l}\right)^2}}$$

2. 公式居中排

数学公式在版面上左右居中，是公式排版的基本原则，包括下面几个方面：

· 单行公式居中排。

· 排方程组时，各行以等号处对齐，整体仍居中排。

4. 字符间的加空

在科技书刊排版中，为了阅读方便，分清前后关系，公式中的各种数理化单位、函数等运算符号之间，要根据内容空开一点距离，排版上叫作"加空"或"加开"。在传统铅字排版中，这种加开距离一般为同样字号汉字大小的 1/4 或者 1/6，行话上叫作"四开"和"六开"。但在 Word 的公式编辑器中无法将运算符号之间加空，这是软件的不足之处。

· 当公式较长，出现转行排时，整体也应当居中排。

由于公式居中排占版面位置较大，应从实际出发，不要绝对化，近年来一些科技期刊排版中因地制宜，对此有所突破。

3. 数学公式的转行排版规则

数学公式排版中，尽可能排一行，必要时可以减小公式的字号。但如果公式较长，一行实在排不下，则需要分成两行或多行排列，这就是公式的"转行"，也叫"拆行"。公式转行的位置十分讲究，应设法在公式的运算符号处转行。公式转行的基本原则有：

（1）等号处转行。优先在"="或"≠""＞""＜""≈"符号处转行，转行后的行首关系符号一般排成上下对齐。

（2）运算符号处转行。在"×""÷""+""−"符号处转行，转行后符号排在行首，与上行关系符号后缩一个字对齐。

（3）实在不得已时，可在"Σ""Π""∫""dx/dt"等运算符和"tim""exp"等缩写字之前转行。

这些符号基本上都是表示量之间相等或运算之类的关系，在这些地方转行不会破坏公式的运算关系。

下面介绍几种公式转行的方法。

（1）等号处转行时，等号处对齐。在运算符号处转行时，前空一字对齐，如例5。

【例5】

$$a^3 - ab^2$$
$$= a(a^2 - b^2)$$
$$= a(a+b)(a-b) + a(a+b)(a-b)$$
$$-a(a+b)(a-b)$$

（2）分式过长的转行，可以在分式线上或线下做梯形分拆，如例6。

【例6】

$$f(x) = \frac{ax + by + cz + a_1 x + b_1 y + c_1 z}{a_2 x + b_2 y + c_2 z + a_3 x + b_3 y + c_3 z}{xyz + x_1 y_1 z_1 + x_2 y_2 z_2 + x_3 y_3 z_3}$$

（3）分式较长时，也可以作上下分切转行，如下面例7所示。

【例7】

$$f(x) = \frac{(x+5)(x-4) + (x-3)(x+2)}{(y-2)(y+1)}$$
$$\frac{-(x+5)(x-4) + (x-3)(x+2)}{+(y-2)(y+1) + (y-6)(y+3)}$$

（4）如果公式较长，其他排法有困难，也可采用上长下短，整体居中的倒宝塔式排法。

【例8】

$$abc + a_1 b_1 c_1 + a_2 b_2 c_2 + a_3 b_3 c_3 + a_4 b_4 c_4 + a_5 b_5 c_5 + a_6 b_6 c_6 + a_7 b_7 c_7 + a_8 b_8 c_8 + a_9 b_9 c_9 + a_{10} b_{10} c_{10} + a_{11} b_{11} c_{11} + a_{12} b_{12} c_{12} = 0$$

4. 公式的版面占行

公式的版面占行，是指公式在版面上所占的正文行数。一般有以下的规则：

（1）一个双层公式单独出现时，占两行。

（2）两个双层公式联立时，占四行。

（3）三个双层公式占五或六行。

公式在版面上占行多少，要从实际出发灵活掌握，使版面排得疏密得当，如上

一行只有少量文字时，可以"借行"。

5. 公式的改排处理

公式一般情况下应严格按照原稿排版，必要时也可以根据实际情况做一些改排处理。改排的目的，一是节省版面，二是便于转行，三是减少排版困难。改排的原则是只变换形式，不能改变原意和运算关系。

（1）简单分式或分数的改排，可以将直线改排为斜线。

$$\frac{a}{b} \rightarrow a/b$$

$$\frac{\mathrm{d}x}{\mathrm{d}y} \rightarrow \mathrm{d}x/\mathrm{d}y$$

（2）分母是单项式时可以如下处理。

$$\frac{a+b+c}{xy} \rightarrow \frac{1}{xy}(a+b+c) \text{ 或 } (a+b+c)/xy$$

（3）多项式改排时注意式子的结构，必要处应加括号，如

$$\frac{a+b+c}{A+B+C} \rightarrow (a+b+c)/(A+B+C)$$

（4）联立方程不长时，也可以排在一行内。

（5）根式可以改排成指数的形式，如：

$$f(x) = \frac{1}{\sqrt{1+x^2}} \rightarrow \left[\sqrt{1+x^2}\right]^{\frac{1}{2}}$$

6. 公式序码的排法

一些公式的后面常要有编号，排版上叫作序码或式码。序码一般出现在结论性的公式后面。序码的形式有"1" "1.2.1" "1-2" "1-2-2"等，并按顺序编号。注意公式序码横线应当使用半字线。公式序码的排版规范有下面几点：

· 全书的序码形式应当统一；

· 公式的序码位置与公式的主线对齐，排在版心的最右边，即右边顶处处；

· 当两个以上公式合用一个序码时，公式应排齐，左或右侧用大花括号括起来，序码上下居中。

$$\begin{cases} W(s) = K/(1 + jT\omega) \\ W(j\omega) = P(\omega) + jQ(\omega) \\ \phi(\omega) = \tan^{-1}(\tau\omega) \end{cases}$$

7. 公式前后排字

公式之间有时要夹带一些文字（如：【例】，解，因为，所以，从公式，由此可得，证毕等），这些文字一般单占一行顶头排，如上行是句号，则前空两个字。为了节省版面，常常将少量的文字与公式排在同一行，也叫作公式"镶字"。

公式的前后排字要注意下面几点：

· 公式的前后排字要与主线在同一条水平线上，公式联立时排在中线上；

· 公式前排字最多不要超过 6 个字；

· 公式离前面字的距离不能小于 2 个字；

· 公式后面有序码（式码）时，前面不应排字，否则阅读起来条理不分明；

· 公式中排有数学符号"∵""∴"时，符号可与公式一同居中排，之间只需空一字。

8. 公式中备注项的排法

对于公式中的符号或参数往往要进行文字的备注或者说明，这些也叫作公式的备注项。备注项应另行顶格排，公式与备注项之间一般用"式中""其中""此处"等文字作为连接词。备注项的位置多集中排列在公式之上或者下面，备注项有通栏对齐排、分栏对齐排和连续接排三种基本排列形式（表 8-4）。

表 8-4 备注项排法举例

例 1 通栏对齐	油墨乳化值计算 $$C = \frac{G - g}{G} \times 100\%$$ 式中：G——为实际被乳化油墨的重量； 　　　g——为乳化油墨水份蒸发后的重量； 　　　C——乳化值。
例 2 分栏对齐	热负荷计算式如下： $$Q = 860P \cdot \eta_1\eta_2\eta_3$$ 式中：Q= 设备的热负荷　　　　　P= 各种设备的总功耗 　　　η_1= 同时使用系数　　　　　η_2= 利用系数 　　　860= 功的热当量　　　　　η_3= 负荷均匀工作系数
例 3 连续接排	热负荷计算式如下： $$Q = 860P \cdot \eta_1 \cdot \eta_2 \cdot \eta_3$$ 式中：Q= 设备的热负荷，P= 各种设备的总功耗，η_1= 同时使用系数，η_2= 利用系数，860= 功的热当量，η_3= 负荷均匀工作系数。

符号与备注说明之间用"——"符号或"="符号相连时，要求以该符号为准对齐排，回行时"齐肩"，见表 8-4 中例 1、例 2。

备注项连续接排时，常用文字"为"连接，前面的"式中""其中""此处"等文字不再另行排，见表 8-4 中例 3。

8.1.5　行列式与矩阵的排法

在数学公式排版中，行列式和矩阵是由"行"与"列"组成的一类算式，横的方向叫行，纵的方向叫列，要求排列整齐规矩，上下、左右对齐，行与列之间空距得当，均匀一致，使人们阅读起来层次分明。

排列的基本要求：

（1）行与行对齐、列与列对齐，各项元素之间上下、左右对齐，整齐才显得美观。

（2）行与行、列与列之间保持一定的间隔距离，一般行间距离为当前字号的 1 倍；列与列之间距离也为 1 倍。

（3）列元素之间的排列要有规则，如居中、个位数对齐，符号对齐（在 Word 中的公式编辑器不支持个位数和符号对齐，如下列公式所示）。

排列整齐
$$B = \begin{vmatrix} a_{11} & a_{12} & a_{13} \\ a_{21} & a_{22} & a_{23} \\ a_{31} & a_{32} & a_{33} \end{vmatrix}$$

项间互相居中排
$$f(x) = \begin{vmatrix} x^2 + 1 & x & 13 \\ x - 1 & x - 2 & x \\ x & 3 & x + 2 \end{vmatrix}$$

符号未对齐排
$$\begin{pmatrix} x \\ y \\ z \end{pmatrix} = \begin{pmatrix} 1.25 & 12.5 & 5.36 \\ -0.25 & -5.32 & 1.44 \\ 3.1 & 1.55 & -0.25 \end{pmatrix}$$

8.2 创建公式

创建数学公式是一件非常麻烦的事，而在 Word 中，Microsoft 公式 3.0 提供了大量的符号和模板，利用这些符号和模板可以创建非常复杂的数学公式。当创建公式时，公式编辑器根据数学公式的编排约定来自动处理公式的各种格式。

8.2.1 启动公式工具

操作方法：

使用鼠标单击要插入公式的位置，然后选择【插入】菜单选项卡中的【符号】段落中的【公式】命令右侧的下拉箭头 ，在弹出的菜单中选择【插入新公式】命令，如图 8-1 所示。此时插入位置出现【在此键入公式。】字样，这样就启动了公式编辑器，如图 8-2 所示。

启动了公式工具以后，在 Word 窗口顶部就出现了【公式工具】字样，并且在菜单栏上就多了一个关于公式的【设计】菜单选项卡，如图 8-3 所示。

公式编辑器

图 8-1   图 8-2

图 8-3

公式的【设计】菜单选项卡中用途最大的是功能区中的【符号】段落和【结构】段落，利用它们可以编辑各种不同类型的公式。

编辑公式时，对于一般的文本、数字和符号都可以用键盘输入。对于一些特殊的符号，如不等号、积分号、分式、上下标等，则用【结构】段落中的命令来输入。由模板、符号和数字，可以组合成任何复杂的数学公式。

8.2.2　关于公式的操作

在编辑公式过程中，同样可以采用剪切、复制、粘贴、移动等操作。操作中可以用一些快捷键迅速选择对象和移动光标。

表 8-5　用键盘在公式中移动光标

按键	作用
Tab	插槽的结尾，如果插入点已在结尾，移动到下一个逻辑插槽
Shift+Tab	上一个插槽的结尾
左（右）箭头	在当前的插槽中左（右）移一个单位
上（下）箭头	上（下）移一行
Home	当前插槽的开始处
End	当前插槽的结尾处

由于 Tab 键起移动作用，因此要在插槽中插入制表符，要按 Ctrl ＋ Tab 组合键。移动光标最佳的方法还是使用鼠标。

表 8-6　使用鼠标选定区或

在公式中选定	操作
公式中的区域	单击起始点并拖过区域或可以按住 Shift 键，当指针变为一箭头轮廓时，单击该符号
样板内的符号	按下 Ctrl 键，当指针变为一箭头轮廓时，单击该符号
插入内容	双击插入槽内任意位置
矩阵	在矩阵内拖过各表达式，可将它们选定
完整公式	单击插槽里面的任意位置，然后按 Ctrl+A 快捷键

8.2.3　设置样式

在插入公式时，公式编辑器会按照数学惯例自动调整字号、间距和字体。在编辑公式时，除了可以像编辑普通文本那样使用【开始】菜单选项卡的【字体】段落和【段落】段落中的命令改变字符的样式以外，也可以使用右键菜单来编辑公式的样式。

操作方法：

选中要设置样式的内容，右键该区域，从弹出菜单中选择【字体】或【段落】命令打开【字体】对话框（图8-4）或【段落】对话框（图8-5），然后设置相应的格式即可。

图 8-4

图 8-5

8.2.4　创建公式举例

以图 8-6 公式为例说明公式的编辑创建过程。

$$f(x) = \left[\frac{1}{\sqrt{1+x^2}}\right]^{\frac{2}{3}}$$

图 8-6

（1）启动【公式编辑器】。

（2）在出现的插槽中键入【$f(x)=$】，如图 8-7 所示。

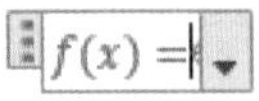

图 8-7

（3）单击【设计】菜单选项卡中【结构】段落中的【分式】命令，在打开的下拉窗口中选择【分式】分类下的【分式（竖式）】选项，也就是图 8-8 中用红框圈住的选项。

图 8-8

（4）在分子插槽中输入"1"，然后单击分母插槽。

（5）单击【结构】段落中的【根式】命令，在打开的下拉窗口中选择【根式】分类下的【平方根】选项，如图8-9所示。

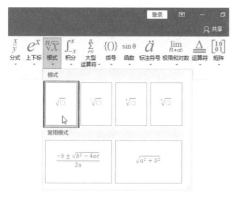

图8-9

此时公式如图8-10所示。

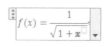

图8-10

（6）单击选中根式，输入：1+x，如图8-11所示。

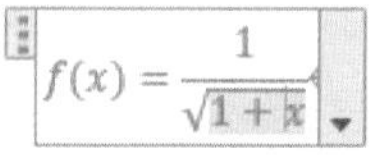

图8-11

（7）选中根式中的"x"，单击【结构】段落中的【上下标】命令，在打开的下拉窗口中选择【下标和上标】分类下的【上标】选项，如图8-12所示。

此时公式变成了如图8-13所示的样子。

（8）单击上标插槽，然后输入"2"。此时公式变成了如图8-14所示的样子。

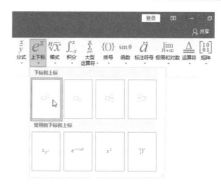

图8-12

图8-13

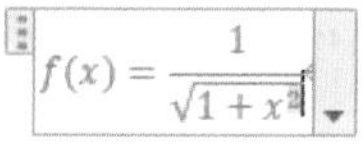

图8-14

（9）选中公式等号右侧的全部内容，单击【结构】段落中的【括号】命令，在打开的下拉窗口中选择【括号】分类下的【方括号】选项，如图8-15所示。

图8-15

此时公式变成了如图 8-16 所示的样子。

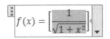

图 8-16

（10）选中公式等号右侧的全部内容，单击【结构】段落中的【上下标】命令，在打开的下拉窗口中选择【下标和上标】分类下的【上标】选项，如图 8-17 所示。

此时公式变成了如图 8-18 所示的样子。

（11）单击插入的上标插槽，然后单击【设计】菜单选项卡中【结构】段落中的【分式】命令，在打开的下拉窗口中选择【分式】分类下的【分式(竖式)】选项。

（12）在分子上键入"2"，在分母上键入"3"。

图 8-17

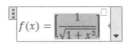

图 8-18

（13）单击文档中公式区域外的部分，返回文档中，这样，就完成了公式的编辑。

8.3 公式编辑技巧

8.3.1 用中文编辑特殊公式

使用公式编辑器可以编辑如下所示的中文公式，请按以下操作步骤进行：

$$原稿分类\begin{cases}透射原稿\\反射原稿\end{cases}$$

（1）启动公式编辑器。然后在插槽中输入第一串文字。

（2）用 按钮图标插入公式样板。

（3）在新的插槽中输入中文文本。

（4）单击 Enter 键，在第二行的插槽中输入中文文本。即可得到上述中文公式。

8.3.2 在公式编辑器中插入文字的技巧

使用公式编辑器编辑公式时，有时需要在表达式中插入某些非数学短语，例如图 8-19 所示。请按照以下方法进行插入文字与空格的操作：

（1）打开"8-3-2.docx"，单击公式，激活编辑窗口。

$$f(x) = \frac{dy}{dx}\left[\frac{1}{\sqrt{1+x^2}}\right]^{\frac{2}{3}} 其中x为常数$$

图 8-19

（2）将插入点放在需要插入文字的开始处，如图8-20所示的公式的最后面。

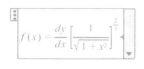

图 8-20

（3）单击第二个【设计】菜单选项卡中【转换】段落中的【abc 文本】命令，

如图 8-21 所示。

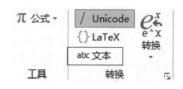

图 8-21

（4）此时系统默认处于非数学文本编辑状态，键入需要的文字（中英文均可）。

第 9 章

Word 的高级应用

本章导读

9.1 查看与定位

在排版过程中灵活使用各种工具，可以使工作量减少，如使用定位和导航窗格可以快速定位和查看文档的各个结构框架。

9.1.1 状态栏的作用

Word 窗口下方的状态栏可以隐含着文档的很多信息，如图 9-1 所示。如果熟悉并了解状态栏里各部分的含义和功能，将会为编辑文档带来很大的便利。

第1页，共76页   36767 个字   中文(中国)

图 9-1

可以把状态栏分为 3 个部分，其中最左边部分隐含着文档的页面信息：

· 【76 页】：该项可以按用户的设定显示页码；但这里显示的信息是文档中的页码域所反映的页码数值，即编辑者通过插入页码的方式插入的数值。

· 【第 1 页】：显示窗口中显示的页的节号。

· 【36767 个字】：整篇文档的字数统计。

· 阅读视图、页面视图、Web 版式视图：这三个图标可以切换文档的视图模式，当前【页面视图】图标处于灰色块状态，表明文档处于【页面视图】显示模式中。

· 状态栏最末端的为文档显示比例，可拖动滑块调节显示大小。

在编辑长篇文档时，这几个信息可以帮助用户迅速判断目前编辑页面所处的位置、视图模式及查看与调整文档显示比例等。

9.1.2 定位文档

使用 Word 的文档定位功能，可以快速地定位在文档的某一位置。如定位某页、某节、某行等。

1. 使用快捷键定位文档

如果在对文档进行排版时，排版篇幅较长的文档，无法一次修改完毕，当再次打开该文档进行修改时，可以按下 Shift+F5 快捷键实现快速定位，迅速找到上次关闭时插入点所在的位置。Word 能够记忆前三次的编辑位置，它使光标在最后编辑过的三个位置间循环，第四次按 Shift+F5 快捷键插入点会回到当前的编辑位置。

2. 使用菜单定位文档

按下键盘上的 Ctrl+H（或 F5）键，打开【查找和替换】对话框，并切换到【定位】选项卡，如图 9-2 所示。

用户可以按照各种目标进行定位：

（1）在左侧的【定位目标】列表单击要移至的位置类型。

（2）在右侧的【输入标题编号】文本中输入项目的编号。

（3）单击【下一处】按钮。可以定位的目标项目有页、节、行、书签、脚注、尾注、域、表格、图形、公式、对象和标题 12 种，可以根据需要选择定位的目标。

图 9-2

> **注意：** 如果选择的目标在文档中没有，则定位光标会停留在文档的开始处；如果定位的是页码，而页码大于文档的页码范围，则定位光标会停留在文档的结尾处。

9.1.3 导航窗格的妙用

在页面视图和 Web 版式视图中，可以使用导航窗格方便地了解文档的层次结构，即内置标题样式或大纲级别段落格式（级别从 1 到 9），还可以快速定位长文档，大大加快阅读的时间。

操作方法：

（1）选择【视图】菜单选项，在【视图】选项面板中单击【页面视图】按钮，并选中【显示】选项面板中的【导航窗格】复选框，如图 9-3 所示。

（2）如要指定跳转至哪一个标题，可以单击【页面视图】中左侧导航窗格中【标题】分类中要指定的地方。并且此标题为突出显示，以指明在文档中的位置，此时 Word 将标题显示于页面上部，如图 9-4 所示。

图 9-4

图 9-3

（3）如果想只显示某个级别下的标题，可在【标题】分类下的标题上单击鼠标右键，在弹出菜单中选择【显示标题级别】选项，然后在子菜单中选择一个选项。例如，选择【显示至标题 2】，如图 9-5 所示，可显示 1 至 2 的标题级别，如图 9-6 所示。

不过，如果要在页面视图中查看文档中的各级标题，必须是标题使用了相应的大纲级别，其大纲级别可以在定义样式时，定义段落的大纲级别，如图 9-5 所示。

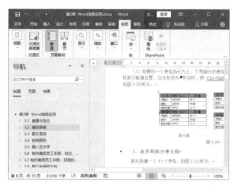

图 9-5   图 9-6

· 如果要折叠某一标题下的低级标题，则单击标题旁的折叠按钮 ◢ 。

· 如果要显示某一标题下的低级标题（每次一个级别），则单击标题旁的展开按钮 ▷ 。

9.2 创建目录

有的文档在排版完成后，需要创建目录，有了目录，用户就能很容易地知道文档中有什么内容，如何查找内容等。Word 提供了自动生成目录的功能，因此制作目录非常简便，既不用费力地去手工制作目录、核对页码，也不必担心目录与正文不符。

9.2.1 标题样式与目录的关系

默认情况下，Word 是利用标题级别来创建目录的。因此，在创建目录之前，应确保希望出现在目录中的标题应用了内置的标题样式（标题 1 到标题 9）。Word 的内置样式定义有标题 1 到标题 9 这些标题，用户只要使用这些样式，就可以轻松地生成目录了。

如果文档的结构性能比较好，创建出有条理的目录就会变得非常简单快速。当然，如果不使用内置的样式，也可以在新建样式中，定义段落的大纲级别。比如用户在新建一个名为【题目】的样式时，定义段落的大纲级别为 2 级，如图 9-7 所示。

在生成目录时，可以生成同级（2 级）的目录。不过在生成目录时，需要选择相应的显示级别，如图 9-8 所示。

当定义样式的大纲级别为【2 级】时，其生成的目录也为二级标题的目录。而且在【大纲】视图或者页面视图中，都可以看到其标题的级别。

图 9-7   图 9-8

9.2.2　全面检查与修改目录样式

在制作目录之前，首先检查一下所有的目录样式，提取"集团员工手册 .docx"文档中的 1~3 级目录，在提取之前要再次检查一下对应的目录样式设置是否存在问题，并进行再次修改。

检查中发现，应用的标题样式存在如下问题：

（1）文档缺少了标题 2 样式，而是采用标题 3 样式来代替的。如果要提取 3 级目录，也不会存在问题，但是提取的目录会发现，标题 3 样式对应的目录与标题 1 对应的目录相比，缩进了 4 个字符。正常情况下上下相邻的两个目录之间应该是相差两个字符的缩进位置，如果要手动调节缩进位置将会非常的麻烦。

（2）原本要用来作为目录的第 3 级的样式，却被设置为了标题 5。并且有的地方使用标题 3 的样式代替标题 5，而这两个级别的目录在文档中原本是同一个标题级别，显得非常混乱。如图 9-9 所示。

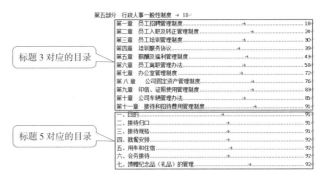

图 9-9

解决办法：对所有的标题 3 重新应用标题 2 样式，并在应用前将标题 2 的样式修改为与标题 3 的样式（段落间距、缩进、字体、字号等）一致；将标题 3 的样式修改为与标题 5 的样式（段落间距、缩进、字体、字号等）一致。

为了节约时间，将标题 2 样式设置快捷键【Ctrl+2】，再借用导航窗口，逐个单击标题 3，使用【Ctrl+2】快捷键重新应用样式。将标题 3 样式设置快捷键【Ctrl+3】，再借用导航窗口，逐个单击标题 5，使用【Ctrl+3】快捷键重新应用样式。

标题 2 的段落间距设置如图 9-10 所示，对齐方式为居中，首行缩进为【无】；标题 3 的段落间距设置如图 9-11 所示，对齐方式为【两端对齐】，首行缩进为【2 字符】。

图 9-10　　　　　　　　　　　　　　　图 9-11

标题 2 的文本格式设置如图 9-12 所示，标题 3 的文本格式设置如图 9-13 所示。

图 9-12　　　　　　　　　　　　　图 9-13

9.2.3　从标题样式创建目录

操作方法：

（1）把光标移到要插入目录的位置，一般是创建在该文档的开头或者结尾。在这里要做一下准备工作。将光标放置于一级标题"前言"文本前，按 Ctrl+Enter 组合键插入一个分页符，此时光标将跟随文本跳到下一页，向上滚动鼠标滚轮，将光标置于分页符符号末尾处，如图 9-14 所示。

输入文本"目录"并按 Enter 键自
动换行，并对齐应用【新标题 1】的
样式。然后对空行应用【文本】样式，
并将光标置于空行处。

———— 分页符 ————

图 9-14

（2）选择【引用】菜单选项，单击【目录】选项面板中的【目录】按钮，打开【内置】目录菜单，如图 9-15 所示。

（3）选择【自定义目录】，打开【目录】对话框，如图 9-16 所示。

图 9-15　　　　　　　　　　　　　图 9-16

·在【格式】下拉列表框中，选择目录的风格，如【古典】、【优雅】等，默认是选择【来自模板】选项，表示使用内置的目录样式（目录1到目录9）来创建目录，如图9-17所示。

> 提示：如果要改变目录的样式，可以单击【修改】按钮，不过只有选择【来自模板】选项时，【修改】按钮才有效。

·如果要在目录中每个标题后面显示页码，应选择【显示页码】复选框，本次将其选择上。
·如果选中【页码右对齐】复选框，则可以让页码右对齐，默认是选中该项的。

·在【显示级别】列表框中指定目录中显示的标题层次，一般目录只显示到3级，本次不做改动。

·在【制表符前导符】列表框中指定标题与页码之间的制表位分隔符，本次不做更改。

（4）单击【确定】按钮，即可按照文档的标题样式生成一个目录，如图9-18所示（部分显示）。

图 9-17 图 9-18

提示：如果一篇文本一般都分为很多章，每一章是一个文档，此时要把每一章都单独生成目录，然后把所有的目录复制到一个新文档中去，再把几个文档的目录都合成在一起，整篇文本的完整目录就自动生成了，但这样的缺点是不能自动更新目录。

此时会发现一个问题，文档中一级目录没有制表符前导符出现。原因在于前面的【目录】对话框的【格式】中选择了【来自模板】选项，这个选项对应生成的目录中的一级标题不包含制表符前导符。

（5）重新打开【目录】对话框，在制表符前导符下拉列表框中按照如图9-19进行选择，在【格式】中选择【正文】选项，然后单击【确定】按钮，此时出现一个如图9-20所示的提示对话框，单击【确定】按钮。新生成的目录如图9-21所示（部分显示）。

图 9-19 图 9-20 图 9-21

（6）由于提取的目录中将标题【目录】也同时提取出来了，在这里将生成的目录中的【目录】文本一行删除。然后将文档保存为"集团员工手册 – 修订 .docx"，将其关闭。

9.2.4　从其他样式创建目录

也许有的用户会问，如果用的不是 Word 内置的样式，那么还能自动生成目录吗？答案当然是可以，例如要根据自定义的【图称】样式来创建目录。

操作方法：

（1）在【目录】选项卡中，单击【选项】按钮，打开【目录选项】对话框。如图 9-22 所示。

（2）在【有效样式】列表框中，把不需要生成目录的其他样式清除掉。并找到使用的样式名称，即【图称】样式，然后在【目录级别】列表框中，指定这些样式的目录级别，如 2 级，如图 9-23 所示。

图 9-22

图 9-23

> **注意：** 如果选中【目录项域】复选框，表示不用样式，或除用样式外，用目录项域创建目录。清除【样式】复选框可只用目录项域创建目录。并且当仅使用自定义样式时，要删除内置样式的目录级别数。

（3）单击【确定】按钮，返回到【目录】对话框。在【目录】对话框中，再选择其他的选项。

（4）单击【确定】按钮，Word 就会以指定的样式建立目录，如图 9-24 所示。

图 9-24

9.3　长文档的编辑

长文档：一个包含多个章节的文档（例如本书），或者含有多个分支文件的文档，以及超过十数页的文档，都可以算作长文档。

Word 中的【大纲】视图，是编辑长文档的实用工具。使用该工具时，需要与模板中的【标题 1】到【标题 9】，或【大纲 1】到【大纲 9】等样式组合使用，否则没有太大的意义。如果内定的标题样式不符合需要，可以修改标题样式的属性，详细内容请参阅本书第 4 章的介绍。

9.3.1　显示文档的大纲

当在 Word 中建立了一篇文档后，选中【视图】菜单选项卡中【视图】段落中的【大纲】命令，即可切换到如图 9-25 所示的【大纲】视图状态。

【大纲】视图是正常文档的特殊显示形式。您可以任意折叠大纲文档，仅显示所需标题和正文，从而简化查看文档结构、在文档中移动和重新组织大块文本的操作。

【大纲】视图以段落缩进的形式显示不同级别的标题和正文段落。没有使用标题样式的段落前面显示◎按钮，表示该段落是【正文】样式。不论文档是否建立完毕，均可以切换到【大纲】视图，以显示文档大纲。

标题前面显示➕按钮，表示该标题含有下属标题或正文，如果标题前面显示➖按钮，则表示该标题不包含下属子标题或正文。

接下来介绍显示标题，查看文档组织的方法。

操作方法：

（1）将插入点光标放在某个标题行中，单击【大纲显示】菜单选项卡中【大纲工具】段落中的➕或➖按钮，可以【展开】或者【折叠】该标题的下属子标题或正文。下属子标题或正文被折叠后，标题行下面显示波浪下划线，如图 9-26 所示的标题 "9.4.2　选定文本的方法"。

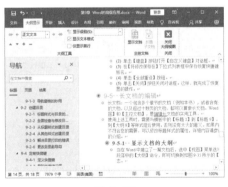

图 9-25

图 9-26

（2）用【显示级别】命令的下拉菜单，可以控制标题的显示级别。

（3）选中【仅显示首行】复选框，可以令所有正文仅显示第一行。此时该行尾显示…符号。

（4）取消或选中【显示文本格式】复选框，可以关闭或显示所有标题的文字格式。

9.3.2　选定文本的方法

操作方法：

（1）单击标题左边的✚按钮，可以选定该标题及其所属全部内容。用鼠标连续单击两次标题，可以选定该标题的全部内容。

（2）单击【正文】段落左边的◎按钮，可以选定整个段落。

（3）将鼠标光标移至该标题左方，当光标变成向右倾斜的空心箭头◿时，单击鼠标左键，可以仅选定该标题文字行。

（4）将鼠标光标移至该标题左方，当光标变成向右倾斜的空心箭头时，按住鼠标左键，上下拖动光标，可以选定多个标题和多个段落。

> **提示：** 如果选定的标题中包含被折叠的从属文字，该折叠文字也被选定（即使它们是不可见的）。任何对标题的修改（如移动、复制或删除）都将影响该折叠文字。

9.3.3　用【大纲】视图组织文档

在【大纲】视图中，使用【大纲工具】段落中的命令按钮可以重新组织各级标题和正文。

操作方法：

（1）用鼠标左键按住✚或◎按钮，然后上下拖动鼠标光标。此时【大纲】视图中会显示一条带黑色箭头水平线随光标移动，如图 9-27 所示。

（2）当水平线到达所需位置时松开鼠标左键，该标题或正文被移动到新的位置。

与图 9-27 所示类似，用鼠标左键按住标题前面的✚按钮，向左拖动光标时，【大纲】视图会在每一个标题级别处显示一条垂直线。当文本到达所需级别时，松开鼠标左键。此时该标题被升级到较高级别，并且 Word 自动将该标题设置为相应的标题样式。若向右拖动光标，可以将标题降级到较低级别，或者将标题降级为正文文字。如图 9-28 所示。

图 9-27　　　　　　　　　　图 9-28

> **注意：** 用鼠标左键拖动标题前面的 ⊕ 按钮时，该标题下的子标题及正文文字也同时被移动和改变级别。若想只修改标题，请首先展开该标题下被折叠的从属文字，然后使用鼠标左键单击的方法只选定标题段落，再用【大纲工具】段落中的【上移】▲ 或【下移】▼ 按钮图标，可以仅移动该标题。注意，若使用【升级】← 或【降级】→ 按钮，该标题下属的子标题或正文文字同样被改变级别。使用【降级为正文】⇉ 按钮可以将选定的标题降级为正文文字。

9.3.4　用两个窗口编辑文档的技巧

　　在【大纲】视图中，选定标题或段落后，可以进行样式操作，也可以使用【开始】菜单选项卡的【剪贴板】段落中的命令按钮，进行【剪切】、【复制】和【粘贴】等操作。请注意，【大纲】视图不显示段落格式设置，并且标尺和段落格式命令无效。

　　编辑文档时，若要查看文档的真实格式，可以将文档编辑窗口拆分成两个窗口。一个窗口中使用【大纲】视图，另一个窗口中使用页面视图或普通视图，如图 9-29 所示。

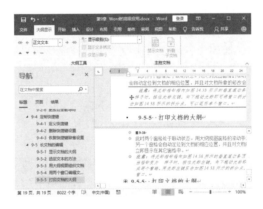

图 9-29

　　此时两个窗格处于联动状态，对其中一个窗口中的文档所做的修改会立即显示在另一个窗口中。用户可以打"9-4 长文档的编辑 .docx"尝试一下。

> **注意：** 将鼠标光标指向如图 9-29 所示的垂直滚动条顶部的拆分点，当光标变为 ÷ 形状时，按住鼠标左键，向下拖动光标即可调整两个窗口的区域大小。用鼠标左键双击如图 9-29 所示的拆分点，可以返回单个窗口。